Walther Rohdich
Abenteuer Kriegshunde in den Weltkriegen

Abenteuer Kriegshunde in den Weltkriegen

Tatsachenberichte von
Walther Rohdich

Rediroma-Verlag

Bibliografische Information der Deutschen Nationalbibliothek:
Die Deutsche Nationalbibliothek verzeichnet diese Publikation in der Deutschen Nationalbibliografie; detaillierte bibliografische Daten sind im Internet über http://dnb.ddb.de abrufbar.

ISBN 978-3-96103-244-0

Umschlagillustration: Walther Rohdich
Die meisten Abbildungen aus dem Archiv des Autors. Etwaige ältere Inhaber von Bildrechten waren nicht zu ermitteln

www.rediroma-verlag.de
10,95 Euro (D)

Inhaltsverzeichnis

Vorwort

Die alte Frage, wer war zuerst da, „der Hund als Freund und Begleiter des Menschen“ oder „der Mensch und seine Kriege?“, kann nicht eindeutig beantwortet werden. Vermutlich aber haben die ersten Kriege und die anderen handfesten Auseinandersetzungen der Menschheit ohne den Einsatz von Hunden stattgefunden. Denn Kriege brauchten damals wenig Vorbereitungen, „man kriegte sich an die Köppe, wie’s gerade am“, wenn man Hunger litt, gewaltsame Landnahme machte und eine lange und äußerst anstrengende Wanderung hinter sich hatte.

Aber die Gewöhnung des wilden Wolfes an den siedelnden Menschen wird Jahrhunderte oder Jahrtausende gedauert haben. In Einzelfällen, die nicht schriftlich überliefert sind, kann die Zähmung eines einzelnen Wolfes oder seines Rudels rasch vorangegangen sein: Eine Familie oder Sippe von Ackerbauern und Viehzüchtern ließ sich in einem günstig gelegenen Tal nieder, das gleichzeitig ein günstiger Lebensraum der Wölfe war.

Man muss heute bedenken, wenn man sich in jene ferne Zeiten zurückversetzen möchte, dass der frühe Mensch noch nicht der Schrecken einer freilebenden Tierwelt sein konnte. Warum war er das nicht? Weil er starken und wehrhaften Tieren wie Bär, Büffel, Wisent, Mammut und Wolf noch nicht eindeutig überlegen war, sein, des Menschen, überragender Verstand voller List und Tücke brauchte Waffen, um den Tieren, bald kurz „Wild“ genannt, an den Wickel oder Kragen gehen zu können.

Kehren wir zum angehenden Verhältnis „Mensch und Wolf“ zurück: Ersterer, ein Zweibeiner, beobachtet die ums Heim streunenden vierläufigen Wölfe – Letzterer die zweibeinigen strebsamen, Ackerbau und Viehzucht betreibenden Menschen. Diese kochen und braten schon, süße Düfte von Fleisch steigen den Wölfen in die Nasen, und manchmal wirft einer Menschen etwas Leckerers auf einen so genannten Abfallhaufen oder in eine Erdgrube. Diese Löcher, so m ü s s e n die Wölfe dann beschlossen haben, sollte man einmal untersuchen.

So ist es für uns Heutige nicht schwer zu begreifen, wie sich eine Freundschaft „Mensch und Wolf" entwickelt haben mag. Eine andere Methode, sich wilde Tiere nutzbar zu machen, ist folgende: Männer, die sich bereits als Jäger fühlten, - dies soll ja der erste Männerberuf der Geschichte sein -, streifen durchs Revier und entdecken einen Wolfsbau, vor dem kleine, entzückende Tierchen in der warmen Sonne spielen und kaum Furcht vor dem aufrecht gehenden, mit Knüppel oder Speer bewaffneten Menschen haben. Als er sich niederkniet, kommen die ersten Wolfskinder, kaum zwei Wochen alt, näher heran, lassen sich anfassen und erleben die ersten Streicheleinheiten der Geschichte.

Ist es nicht selbstverständlich, dass sich aus diesen Schmusestunden zwischen Wolfskind und Jäger die hier in diesem Werk besprochene Freundschaft entwickelt haben muss! Ein in der Familie aufgezogenes Wolfskind hat im Ruckzuck, in wenigen Stunden nur, sein „Elternhaus" vergessen und sich den neuen Futterlieferanten angeschlossen. Zur Vermehrung gehören freilich zwei gefangene Exemplare...

Tatsächlich alles haben die dann „Hund" geheißenen Wölfe im Dienst des Menschen gelernt – hier interessiert uns nur ihr „Kriegsdienst". Also behaupten wir:

„Kriegshunde sind so alt wie Kriege!“

Wir setzen ihnen hiermit ein „Denkmal in Worten“ und teilen mit, dass ihnen auch Denkmäler in Stein gesetzt worden sind. Hunde als Begleiter ihres Herrn auf allen Wegen – also auch in den Krieg; Hunde als aktive Teilnehmer an den Kämpfen, gerüstet und gewappnet wie Herrchen; Hunde in ganzen Bataillonen gehalten, blutdürstig und unerschrocken; Hunde systematisch auf Legionen verteilt; Hunde auch zum Überbringen von Meldungen; Hunde zum Aufsuchen verwundeter Soldaten; Hunde zum Ziehen von Munitionswagen; Hunde zum Verlegen von Telefonleitungen; Hunde zum Trösten und Spielen der Soldaten in vorderster Front; Hunde zum Sterben! Hier in unserer Abhandlung in den beiden Weltkriegen von 1914 bis 1918 und 1939 bis 1945. Doch zuvor noch einige Zeilen „Geschichte der Kriegshunde“ und der Hunde im Großen und Ganzen.

Wie schon angedeutet, ist die Geschichte unserer Hunde untrennbar mit unserer eigenen verbunden. Wirklich sichere Jahreszahlen zum Beginn dieser Verbindung sind kaum zu liefern. Hat die Domestizierung der Wölfe vor etwa 15.000 Jahren begonnen? Könnten es auch 30.000 Jahre sein? Neue Analysen deuten darauf, dass die Domestizierung schon vor über 100.000 Jahren begonnen habe – so entstand wohl die engste Freundschaft zwischen Mensch und Tier.

Kriegshunde seit der Antike

„Seit uralter Zeit“, schreibt J. Bungartz in „Die Gartenlaube“ von 1897, „haben die verschiedensten Völker Hunde zu Kriegszwecken verwendet. Die klugen wachsamen Tiere dienten zum Aufspüren des Feindes oder hielten bei

Vorposten Wache. Vor allem aber unterstützten sie, solange es keine vollkommenen Feuerwaffen gab, die Krieger beim Hauptangriff und im Handgemenge der Schlacht. Dabei leistete der Hund durch seinen mutigen Charakter, seine große Stärke und sein scharfes Gebiss vielfach große Dienste."

Aus der vergangenen Geschichte erfahren wir viele Überlieferungen über Hunde im Kriegsdienst der Menschen; sowohl textlich als auch bildlich. Hier ein paar Beispiele: In einer Schlacht der Magnesier gegen die Epheser standen große starke, sehr erregt gemachte und äußerst bissige Hunde in der ersten Schlachtreihe, in der zweiten mussten die Sklaven ihr Leben einsetzen und erst in der dritten Reihe standen die regulären Krieger des Staates. Auf einem sehr alten Gemälde von Polygnot, welches die bekannte Schlacht von Marathon darstellt, ist ein berühmter Hund verewigt, der mit seinem „Herrchen" in die Schlacht ziehen musste. In den Ruinen von Babylon fand man ein Relief, welches mit einem Panzer und einem stacheligen Halsband geschützte Hunde zeigt.

Das sind geschichtliche Überlieferungen, die eindeutig aus der Antike beweisen, wie sehr damalige Menschen im Kampf und beim Streit auf die Hilfe der großen „Kampfhunde" angewiesen waren. „Canis molossus" hießen sie auf lateinisch, also Molosser, und sollen nach dem Urteil der Römer weder nett ausgesehen noch lieb im Charakter gewesen sein. Nun, jeder Hundezüchter und Tierkenner weiß ja heute, dass bei abgerichteten Hunden, - auch bei vielen anderen Tieren -, der Zweck der Erziehung und Abrichtung des Charakter eines Hundes bestimmt. Es war bestimmt nicht schwierig, die von der Evolution her mutigen, draufgängerischen und angriffslustigen Molosser nicht nur zur Jagd aufs Wild zu motivieren, sondern auch zu sofortigen Angriffen auf Menschen, wenn „Herrchen“ es befahl.

Wieviel Sklaven, Sträflinge und sonstwie Verurteilte dabei auf der Strecke geblieben sind, das verschweigt jede heldische Geschichte tunlich. Nicht nur von den antiken Römern und alten Griechen, die in unserem Geschichtsbewusstsein eine Vorangstellung einnehmen, sind Momente der Kriegshunde überliefert. Für die stolzen Römer waren alle anderen Völker außerhalb ihrer Grenzen so genannte Barbaren – ein Begriff, der damals nichts mit Grausamkeit oder Unbildung zu tun hatte, sondern nur „Fremdlinge“ bezeichnete. Sie, diese vornehmlich orientalischen, persischen und kaukasischen Menschen scheinen ein „glückliches Händchen“ für Abrichtung und Erziehung von großen Hunderassen gehabt zu haben. Denn ihre Hunde marschierten zum Ton der musikalischen Begleitung im Heer mit, bildeten richtige Hundebataillone und wurden, starb Herrchen vor ihnen, ehrenvoll mit ihm begraben. Das zeugt von sehr freundschaftlichen Verhältnissen zwischen Mensch und Hund.

Ein Hund jeder Größe, Kleinheit, jeden Mutes überhaupt scheint, hat er einmal sein Wolfstum abgelegt, ein geborener Wachhund zu sein. Aus dem „Hofhund“, den es einst doppelt so zahlreich gab als Höfe, konnte schnell und ohne vollkommene Ausbildung ein Kampfhund gemacht werden – die beiden Weltkriege, die unsere Abhandlung hier zum hauptsächlichen Thema haben, zeigten dies einwandfrei und lückenlos. Schon früher, aber nicht immer waren Kriegshunde auch Kampfhunde. Nicht allzu kräftige und bedingungslos zupackende Hunde waren zum Vorposten- und Wachdienst besser geeignet als zum Zubeißen.

Antike Truppen lagerten und wachten mehr als dass sie kämpften, wie es zu allen Zeiten mit Armeen und einzelnen Einheiten gewesen zu sein scheint, und kein noch so aufmerksamer Wachposten konnte es, ob tags oder nachts, mit dem Gehör eines Hundes aufnehmen – über den Geruchssinn brauchen wir hier gar nicht zu vergleichen. Da gab es dann jene Hunde, die bei Verdacht oder Gefahr nur anschlugen und andere, die anschleichenden Feinden sofort an den Hals gingen. So ist historisch erwiesen, dass wehrhafte Wachhunde an der römischen Wehrgrenze Limes eingesetzt wurden. Bedenkt man, wie „mucksmäuschenstill" es damals nächtens in den Wäldern Germaniens war, so ahnt man gewiss, wie zuverlässig die an der Grenze entlangstreifenden vierbeinigen Wächter die herannahenden Personen ausmachen konnten.

Den Molossern, neben den Mastiffs die bedeutendsten Kriegshunde des Altertums, müssen wir noch ein paar Zeilen widmen. Molosser war ursprünglich der Name für ein menschliches Geschlecht, das im nordwestlichen Gebiet Griechenlands einschließlich des heutigen Albanien sesshaft war. Bald ging, wegen der erfolgreichen Züchtungen, der Name auf die Hunde über, die dann in jene antike Gegenden verkauft wurden, die für die damaligen Händler und Armeen erreichbar waren. Diese Händler waren damals schon Schlitzohren, indem sie nur die Rüden, nicht aber Hündinnen verkauften.

Von den Molossern kommen wir nun zu den Mastiffs und landen mit ihnen in der römischen Geschichte. Im Jahr 55 v. d. Z. fingen die Römer an, „Britannia", wie sie die entlegene Insel nannten, in Besitzt zu nehmen und lernten damit „riesige, breitmäulige Hunde" kennen, welche als die

Vorfahren der Mastiffs angesehen werden. Es blieb natürlich nicht aus, dass sie mit den eingeführten Molossern gekreuzt wurden – den heutigen Begriff „Reinzucht“ kannte man noch nicht.

Von vielen berühmten Kriegsherren und Strategen ist überliefert, wie sehr sie ihr Schlachtglück Scharen, Rotten und riesigen Hunderudeln anvertrauten, die zumeist aus Rüden bestanden; diese waren leichter als Hündinnen scharf zu machen und zu Hause musste ja, wie jeder Züchter weiß, nicht das Geschlechterverhältnis 1:1 bestehen. Da waren die schon erwähnten Perser oder Babylonier, deren einer Statthalter eine solche Menge Jagd- und Kampfhunde hielt, „dass vier große Städte in der Ebene von allen anderen Abgaben und Steuern befreit wurden, damit sie die Nahrung für die Hunde liefern konnten“. Perserkönig Xerxes versuchte 480 v. d. Z. mit 100.000 Soldaten Griechenland zu überfallen und führte im Heer eine in der Summe ungenannte Armee von Kriegshunden mit sich. Es wird berichtet, dass diese starken „Packer“ sich in der Lagerbewachung als „Lagerhunde“ zum Schutz des zahlreichen Kontingents der notwendigen Packkamele gegen Löwenüberfälle bewährt haben.

Weniger als zweihundert Jahre später, in den Jahren 327 bis 325, nahm der Makedonier Alexander (der Große) im erneuten Perserkrieg „seine“ Hunde in Gegenrichtung mit ins Feld. Man hatte bereits diese „armen“ aber willigen Hunde schwer bewaffnet: Sie waren mit stacheligen Halsbändern versehen und einige von ihnen zusätzlich mit Feuerbränden, durch welche sie nun, aufs Äußerste aufgebracht, in die gegnerische Reiterei preschten. Kein Wunder, dass deren Pferde wildgeworden scheuten und nicht mehr in die Schlacht geworfen werden konnten. Nun, wieviel der Hunde mögen ihre eigene Attacke überlebt haben!

Die Zahl der Kriegshunde steigerte sich weiter, weil immer mehr Kriegsherren immer mehr Züchter beschäftigten. König Ptolemaios, der von 284 bis 246 regierte, soll ein Heer von 2.400 Kriegshunden besessen haben. Von den Griechen, Römern und Orientalen müssen wir noch einen kurzen Abstecher in unsere eigenen Gefilde machen: zu den Germanen. Sie behandelten ihre Hunde, die meist mit ihren Herrchen und Frauchen zusammen in den Langhäusern lebten, bei weitem nicht so „barbarisch" und erniedrigend wie die so genannten mehr kultivierten Völker. Unter den germanischen Stämmen links und rechts des Rheins gab es natürlich auch jede Menge kriegerische Auseinandersetzungen, aber das waren mehr Scharmützel und Techtelmechtel der Häuptlinge und Stammesfürsten und beschäftigten meist nicht einmal ein Zehntel Männer nebst Kriegshunden als bei den vorher erwähnten Kämpfen und Schlachten.

Aus Funden von Reitergräbern, in denen auch Hundeskelette ausgegraben wurden, wissen wir um die geringere Größe germanischer Kampfhunde, ihre Widerristhöhe betrug zwischen 62 und 68 Zentimeter. Dennoch ist klar, dass sie sich als fähige Fährtenleser, ausgezeichnete Wächter von Haus, Hof und Lager und natürlich auch als Jagdgehilfen gut bewährt haben. Wie man heute rechnet, ist die Antike mit Kaiser Karl dem Großen zu Ende gegangen, gleichzeitig hat das Mittelalter begonnen. In seiner Regierungszeit von 768 bis 814 hat Karl keine Mühe gescheut, die von ihm favorisierten und angestrebten Hunderassen, - davon sprach man bereits -, zu züchten und durch Kreuzungen auch weit entfernt vorkommender Rassen zu verbessern: Da gerieten Brabanter Bullbeißer nach Bayern und aquitanische Bärenpacker in die heutige Schweiz. Hunde als aktive Schlachtteilnehmer kamen in Europa bald aus der Mode, sie waren viel zu kostbar geworden, als dass man sie ohne sonderliche Effekte abschlachten ließ.

Aber als das, was sie heute noch sind und wie wir sie in zwei großen Kriegen vorstellen werden, nämlich als Melde-, Wach-, Transport-, Such- und Sanitätshunde bleiben sie den Truppen und als treue und tröstende Kameraden den einzelnen Soldaten erhalten. Vorgreifend teilen wir mit, dass für den ersten großen Krieg etwa 75.000 und für den zweiten cirka 200.000 Hunde, teils von privaten Haltern brutal konfisziert, für alle Armeen dienstverpflichtet wurden.

Kriegshunde später

Starke, mutige, ja äußerst verwegene Hunde direkt am Kampfgeschehen teilnehmen zu lassen war nur sinnvoll, solange die Krieger sich persönlich auf die Pelle rücken mussten, um sich gegenseitig auszuschalten und kampfunfähig zu machen: Hunde und Nahkampf – das passte zusammen! Schon in einem dichten Pfeilregen, den antike Bogenschützen durchaus veranstalten konnten, waren sie hoffnungslos verloren, wenn ihnen nicht eine wirkungsvolle Panzerung angelegt worden war. Doch Scharfschützen unter den antiken Kriegern gab es schon lange, und sie nahmen sich jene feindlichen Hunde vor, die dabei waren, großen Schaden in den eigenen Reihen anzurichten – mochte auch der Körper geschützt sein, den Kopf wussten diese Schützen zu treffen. Der nächste wichtige Schritt hin zu den „echten" Schusswaffen bestand in der Konstruktion der Armbrust, eine schon tödliche Waffe, welche den Nahkampf immer überflüssiger machte. Dann kamen die Schusswaffen „mit Pulver“ auf, zunächst ebenfalls mehr primitiv als wirksam, mehr Schrecken als Angst verbreitend.

Wir können hier nicht den Werdegang des Gewehrs, das bald die Schlachtfelder Europas eroberte, im einzelnen verfolgen. Sicher ist, dass mit seiner Einführung die Zeit der echten Kriegshunde zu Ende ging. Das sahen alle Kriegs- und Feldherren ein, und doch verschwand der Kriegshund nicht aus ihren Gedanken und Gehirnen: Wie war er in Zukunft einzusetzen? In welcher Art und Weise waren seine Fähigkeiten im Hören, Wittern (Riechen), Laufen, Rennen und sein Trend zu unverbrüchlicher Freundschaft auf bestimmte Menschen auszunutzen?

Wie lange in unsere geschichtliche Zeit hinein machten Kriegshunde die menschlichen Streitigkeiten mit? Ein Bericht gibt Auskunft:

„König Heinrich VIII. (von England) unterhielt eine große Menge der berüchtigten schottischen Bluthunde. Sie begleiteten seine Truppen im französischen Krieg auf dem Festland gegen Franz I. (von Frankreich) zugunsten Kaiser Karls, der seinen Soldaten zugerufen haben soll: ‚Ich hoffe, ihr werdet ebenso tapfer sein wie eure Hunde!‘“

Aber die technische Entwicklung trieb den mitkämpfenden Hunden entgegen: Bei den festen Formationen der Truppen unter eigenem Infanterie- und separaten Kanonenfeuer hatten sie nichts mehr zu bestellen. In letzten Einsätzen werden sie im Büchsenfeuer zugrunde gegangen sein. Von Asien her, wo ein reicher Khan 5.000 Kriegshunde gehalten haben soll, wurden aber weiterhin Hunde importiert und in europäischen Kämpfen als Rettungs- und Meldehunde eingesetzt – sie sind die Vorläufer jener tapferen Vierbeiner, welche wir in der Folge unserer Darstellung meist auch namentlich vorstellen werden. Als europäische Eroberer und Forscher nach Westen aufbrachen, waren Hunde mit von der Partie: Christoph Kolumbus, der nicht sicher sein konnte, wie er und seine Männer von neu entdeckten Völkern aufgenommen würden, nahm als „Bluthunde“ bezeichnete Vierbeiner mit nach Haiti, welche im Verein mit der dort unbekannten Reiterei „aufmüpfigen Eingeborenen“ das Fürchten lehrten.

Alle dem im Prinzip friedfertigen Kolumbus nachfolgenden Entdecker hatten dann Rudel von auf Menschen abgerichtete Bullbeißer bei sich, die in der Folge, als die Weißen sich einrichteten und die letzten überlebenden Eingeborenen zu Sklaven degradiert hatten, hauptsächlich zur Sklavenjagd abgerichtet wurden. Auch König Montezumas an sich tapfere Azteken fürchteten sich nicht nur vor den unbekannten Pferden der Eroberer, sondern auch vor den Wolfshunden, Mastiffs und „Deerhounds“, die klar unter Weißen und Einheimischen unterscheiden konnten.

Später noch, im nordamerikanischen Sezessionskrieg von 1861 bis 1865, gab es dann eine neue Variante des Kriegshundeeinsatzes: Gepanzerte Hunde, welche darauf abgerichtet waren, den Pferden des Gegners in die Läufe zu beißen. Beinahe adäquat und genauso hinterlistig erdacht, - wir greifen nochmals vor -, wurden keine hundert Jahre später in der russischen Armee Kriegshunde daran gewöhnt, unter Panzern ihre Mahlzeiten zu suchen, zu finden und einzunehmen. War ihnen das Alltag und Gewohnheit geworden, dann brachte man sie zur Front, ließ sie einen Tag hungern und dann losrennen, wenn feindliche Panzer im Anmarsch waren – dabei trugen die unschuldigen Tiere magnetische Kontaktminen auf dem Rücken, die prompt explodierten, wenn der Hund unter den Panzer kroch...

Unsere Hunde im Weltkrieg

Vorbemerkung: Unser Autor macht darauf aufmerksam, dass der allgemein gebräuchlich gewordene Begriff „Erster Weltkrieg" erst aufkam, als der zweite ausgebrochen war! Wir folgen dieser Auffassung! Diesen Weltkrieg als „Hundekrieg" eröffnet zu haben, was kaum bekannt ist, hat der ostpreußische Jagdherr Graf Adalbert von Zitzewitz (Name geändert!) die Ehre, denn am Abend des 1. August 1914 saß er mit seinem Jagdgefährten „Tilko vom Allenstein" (Name geändert!), ein Deutsch-Kurzhaar edelster Abstammung und ein Packer sondergleichen, in einem so genannten Schirm. Das ist Jägersprache und Schirm bedeutet hier einen Ansitz auf dem Boden, ein Versteck also, das mit ortsüblichen Blatt- und Laubwerk so getarnt ist, dass ein Hirsch, ein Rehbock oder auch ein Keiler kaum einen Jäger dahinter erkennen kann – wenn der Wind richtig steht. Auf der Sitzbank neben dem Jäger saß Tilko und sah und schnüffelte angestrengt nach anwechselndem Wild und meldete prompt seinem Herrchen, dass ein Stück unterwegs sei. Und tatsächlich, dort links am Gebüsch, wo sich ein Pfad zur russischen Grenze wand, stand plötzlich ein russisch-kasachischer Hund unbekannter Rasse, äugte und windete herüber und prompt trat der Hundeführer hinzu: ganz klar ein russischer Soldat.

Natürlich wusste Graf Adalbert, dass mit dem Zarenreich, obwohl Zar Nikolaus II. zu Kaiser „Willi" freundschaftlich verbunden stand, etwas in Busch war – aber Krieg? Nein! Nimmer und niemals! Kein vernünftiger Be-

wohner Ostpreußens konnte sich so etwas vorstellen. Er nahm aber vorsichtshalber sein doppelläufiges, links mit Schrot, recht mit Kugel geladenes Gewehr vom Knie her hoch, hatte aber inzwischen versäumt, Tilko zur Ruhe zu mahnen. Dieser, auf Wilddiebe getrimmt, knurrte jetzt verhalten und machte sich sprungbereit. Dieses Knurren hörte der russische Hund, äugte noch schärfer herüber und kam heran, seinen Führer an der Leine mitziehend. Ob auch die ganze Chose friedlich hätte ausgehen können, weiß niemand. Tilko jedenfalls verlor die Geduld, setzte mit gewaltigem Sprung aus dem Schirm und war seinem russischen Freund am Hals, ehe dieser oder sein Führer reagieren konnten. Graf Adalbert erhob sich und richtete sein Jagdgewehr auf den russischen Soldaten, der sofort gestikulierte und laut rief:
„Is woina, is Krieg mit Njemskis."
Angstvolles Gestammel das! Während Tilko dem „feindlichen Hund" den letzten Rest gab.
„Katinka kapuut!"
Trauriges Gestammel das! Der Soldat nahm den Leichnam in die Arme und verdrückte sich, wohl nach Russland hinein. Dies ist die Geschichte vom ersten Gefecht unter einem deutschen und russischen Vierbeiner! Als Graf Adalbert zu Hause ankam, erfuhr er von der deutschen Kriegserklärung an das Zarenreich.

Einführung in den Weltkrieg, sofern sie unser Thema betrifft. Wann immer sich in den letzten Jahrzehnten „Kriegsjubiläen" einstellten und in den nächsten Jahrzehnten einstellen werden, sollte man auch jener unschuldigen Kreaturen gedenken, die an der Seite der Menschen unschuldig und unwissend, wie alle Tiere sind, Schlimmes mitgemacht und vorzeitig den Tod gefunden haben: unsere Kriegshunde. Im Gegensatz zur bereits abgehandelten Antike und dem Mittelalter waren alle Hunderassen am Weltkrieg beteiligt, und zwar nicht als aktive Kämpfer und Streiter wie früher, sondern als „Gegenheitshelfer“: Sie lösten menschliche Meldegänger ab, deren Ausfälle kaum noch zu ertragen waren, schafften Essensrationen „nach vorne“, auch auf Schlitten und Handkarren Munition, trugen Kabel der Telefonleitungen, wachten dort aufmerksam, wo die berüchtigten „Schützengräben“ sich nur wenige Dutzend Meter gegenüberlagen und waren nach Gefechten, kleinen und großen Schlachten diejenigen Helfer, welche verwundete Soldaten in Gebüschen, Wäldern, Kornfeldern, Gräben und verlassenen Unterständen aufzuspüren wussten. Ehe diese an ihren Verletzungen starben, im Winter erfroren und im Sommer verdursteten.

Unser Autor hat monate-, ja jahrelang recherchiert und interviewt, bis er dieses hier vorliegende Material beisammen hatte. Fast alle aktiven Teilnehmer, ob zwei- oder vierbeinig, sind bereits verstorben. Gegenüber den vorigen Kriegen, die mehr oder weniger als Feldzüge abliefen, wurde der Weltkrieg der erste totale Krieg. In dem Sinn, dass er niemanden mehr unbeteiligt ließ, alle Kräfte zu mobilisieren wusste und in Bereiche übergriff, an die vorher niemand gedacht hat – zum Beispiel auf die Hunde. Plötzlich sind sie als Helfer der Soldaten gefragt wie nie; wir werden sehen!

Der Beginn des Weltkriegs. Später entschuldigten sich die vielen Verantwortlichen in West, Ost, Nord und Süd, sie hätten nicht wissen können, dass aus einem örtlichen Krieg ein Weltkrieg entstehen könnte – ein Armutszeugnis das! Die ahnungslose Bevölkerung vornehmlich Europas konnte natürlich nichts wissen, darum gab es Jubel, Begeisterung und Hoffen auf einen kurzen Ausgang des Krieges. Hier ist nicht das Thema, Schuld zuzuweisen und von Recht und Unrecht zu schreiben. Die private Hundehaltung hatte in den ersten Jahren des 20. Jahrhunderts in allen Ländern Europas stark zugenommen, teils wegen der in Mode gekommenen Liebhaberei und auch, weil Armee, Bewachungsdienste, Polizei und Züchter die Zeichen der Zeit erkannt hatten. Außerdem hatten viele Menschen deutlich mehr Zeit und Freiheit für eine Beschäftigung mit freundlichen und intelligenten Tieren. Jetzt plötzlich, mit Beginn des Krieges, als die deutsche Armee bereits über 6.000 Hunde verfügen konnte, wurden auch privat gehaltene Hunde „einberufen" – damit steigen wir nun in die Geschichte der Kriegshunde im Zuge des Weltkriegs in unsere Berichterstattung ein...

Alle am Krieg teilnehmenden Nationen müssen auf einmal, für viele Halter völlig überraschend, auf die privaten Hundebestände zurückgreifen, weil ja niemand der mittleren und höheren Offiziere in den Planungsbüros und bei ihren Sandkatsenspielen, auch nicht die Veterinäroffiziere der einzelnen Divisionen und Einheiten, vorausschauend „eine Hundearmee" auch nur in den Anfängen aufgestellt hatte. Nun sollte alles im Hauruck und Ruckzuck vor sich gehen, nämlich eine gründliche Ausbildung der Hunde – was, wie jeder Kenner wusste, mindestens Monate benötigte. Am leichtesten haben es jene Hunde, welche hinter den Fronten zur Bewachung der militärischen Einrichtungen eingesetzt wurden; das betraf hauptsächlich jene Hunde, die schon vorher zu solchen Zwecken ausgebildet worden waren. Das taten vorerst nur Engländer und Franzosen, während die Deutschen verstärkt auf Melde- und Sanitätshunde setzten. Die Motorisierung des Krieges steckte noch in den Anfängen, Pferde, Ochsen und Maultiere waren gefragt, und wo diese in Schlamm und Eis nicht mehr weiterkamen, übernahm ein Hundegespann den Munitionstransport. Ein solches Gespann schaffte in vier Tagen 90 Tonnen Material aus der Etappe bis in die vorderste Front.

Bekanntgewordene Zahlen sind beeindruckend: Frankreich schickte am Ende des Krieges 15.000 Hunde an ihre Ausleiher zurück, doch 5.000 mussten als verloren gemeldet werden. Das Deutsche Reich hat 20.000 Hunde verloren. Die Statistiken sagen aber auch aus, dass 10.000 verwundete deutsche Soldaten vor einem elenden Tod im Niemandsland gerettet worden sind – von ihren vierbeinigen Kameraden!

Der Einsatz von Kriegshunden verlangte neue Einrichtungen. Ein Veterinärwesen wird für sie erstellt, und 1916 errichtete der „Verein für Tier- und Menschenfreunde" in Jena ein Lazarett für Hunde. In Oldenburg wird eines speziell für Sanitätshunde eingerichtet, und auch ein Besteck für Operationen an Hunden, „Modell 1918", wird in Berlin im preußischen Kriegsministerium herausgegeben.

Meldeläufer und Nachrichtenhunde

Eine neue Funktion hat dieser Krieg geschaffen: **den Meldeläufer.** Es gab ihn in abgewandelter Form natürlich schon in früheren Kriegen, aber er hatte damals eines nicht nötig: Im Kugelhagel in direktem Beschuss seine Arbeit zu tun! Mit anderen Worten: Sein Beruf ist der gefährlichste des Krieges. Was lag da näher als auf Abhilfe zu sinnen? Und da kam man auf die unglücklichen Hunde! Unglückliche Hunde? Das konnten nur ihre Besitzer in der Heimat denken, welche keine Ahnung davon hatten, was Tiere in Verhältnissen denken, die uns Menschen infernalisch und schrecklich vorkommen. So müssen wir hier eines sofort klarstellen: Die neuen vierbeinigen Meldegänger fühlten sich glücklich, inmitten des Geschosshagels von „Herrchen A“ zu „Herrchen B“ zu eilen, also zwei Herrchen gleichzeitig zu besitzen und ihnen dienen zu können. Da spielte es, natürlich nach einer Eingewöhnungszeit während der Ausbildung, keine Rolle mehr, ob nebenan Granaten einschlugen und krepierten, dass die Fetzen und Erdbrocken nur so um die Ohren flogen.

Wie immer, wenn man Hunden sinnvolle Aufgaben stellte, waren sie mit ganzem Herzen, schlackernden Ohren und hechelnden Zungen dabei, getreu der Erkenntnis, dass an jedem Ziel des Laufs ein Herrchen wartete. Ein Hundebuch der Zeit informierte Laien, Hundefreunde und – besitzer ausführlich und leicht verständlich:

„Voraussetzung für den Meldelauf, der im Hin- und Herlaufen zwischen zwei Führern besteht, ist die gleichmäßige Gewöhnung der Hunde an beide Führer. Sie füttern ihre Hunde, gehen im gleichmäßigen Wechsel mit ihnen aus und behandeln jeden Hund mit gleicher Liebe und Fürsorge, damit jeder Hund gleich gern zu ihnen zurückkehrt.“

Das ist stets ein weiter Weg, wie jeder Hundeausbilder weiß, denn die Tiere, welche nicht alle gleich gelehrig und aufnahmefähig sind, müssen erst einmal an den Lärm des Krieges gewöhnt, es muss ihnen vorgetäuscht werden, dass über ihnen krepierende Schrapnells, neben ihnen einschlagende Granaten, hinter ihnen detonierende Minen und pfeifende Kugeln ungefährlich seien, sozusagen zum Alltag eines Meldehundes gehören. Nicht alle Hunde haben diese harten Prüfungen bestanden.

Welche dann bestanden haben, mussten sich von ihren geliebten Ausbildern trennen und wurden an die verschiedenen Fronten gebracht. Vornehmlich zur Westfront, weil sie „erstarrter“ war als die Ostfront und ihr mehr Bedeutung zugemessen wurde. Dort erlebten dann die Hunde haarsträubende, oft tödliche Abenteuer; wie ihre Herrchen und zahlreichen „Freunde“ auch, welche die Hunde sich angelacht hatten. Doch ein sehr wesentlicher Unterschied bestand: Während der Soldat, wird die Luft unausstehlich bleihaltig, sich in den nächsten Trichter in Deckung wirft, lässt sich ein Meldehund, ist er einmal nach vorn oder hinten unterwegs, buchstäblich nur durch Tod oder Verwundung von seinem Auftrag abhalten: Erdfontänen links und rechts, Krachen, Bersten und Pfeifen sind zwar eine kaum zumutbare Erscheinung für empfindliche Hundeohren; Explosionsgerüche und Brandqualm eine Beleidigung für eine sensible Nase; aber Hektor und Moritz und wie sie alle heißen, hatten nur Heimkehr zu Herrchen im Sinn: „Auftrag ausgeführt – der nächste bitte!“ Es entsteht dann eine Pause, in welcher der Hund gewartet, die eingekommene Meldung gelesen und die zurückzuschickende geschrieben wird. Vielleicht auch eine Ruhepause für den Hund, in der er ein Nickerchen machen kann, aber in Wirklichkeit treibt ihn die innere Unruhe zum anderen Herrchen zurück.

„Und hatte alles Sinn und Zweck?“

Mochten sich Hundefreunde in der Heimat fragen. Sie bekamen Bescheid. Denn im Gegensatz zum Zweiten Weltkrieg, in dem in Deutschland eine Diktatur mit Lug und Trug herrschte und Pressefreiheit ein unbekannter Begriff

war, durften Zeitungsreporter und Augenzeugen in Berichten und Briefen von der Front schreiben, was ihnen als Wahrheit erschien:
„An einem einzigen Tag hat unser Regiment 67 vor Verdun sechzig Meldegänger verloren. Nach dem Einsatz von Meldehunden verliert es drei Hunde, aber keinen einzigen Mann."

So ist es ganz selbstverständlich, dass sich zwischen Frontsoldaten und Hunden ein Verhältnis bildet, wie es enger in einer Tier-Mensch-Beziehung kaum sein kann. Wie ein Lauffeuer beginnen an der Front die Heldentaten berühmter Hunde zu kursieren, und fällt einer dieser Helden, dann wird er von den Soldaten wie ein echter zweibeiniger Kamerad bestattet. Viele Leistungen sind glaubhaft überliefert, über sie soll im folgenden ausführlich berichtet werden.

Kriegsteilnehmer Karl Wilke von der Westfront verdanken wir die Berichte über *Max* und *Moritz*, zwei Meldehunde, denen die Aufgabe zugefallen war, die Verbindung mit den vordersten Linien und dem in einem Schloss einquartierten Stab aufrechtzuerhalten.
„Oft war die ganze Gegend da", berichtet Karl Wilke, *„in Qualm und Rauch gehüllt, und die Erde dröhnte bodenerschütternd zu uns in den Unterständen hinüber. Die beiden sonst mutigen Hunde zitterten und sahen uns flehend an, wenn wir sie endlich notgedrungen losschickten. Getreu ihrer Pflicht und Aufgabe liefen sie dann ihren Weg, wie wir beim Nachsehen feststellen konnten. Es war schon ein Wunder, dass sie immer heil über die Wiese kamen, welche von den Franzosen mit Schrapnells übersät wurde. Es war Ehrensache für uns, dass wir diese vierbeinigen Helfer bei*

jeder Rückkehr mit unseren Fleisch- und Brotrationen nach Strich und Faden verwöhnten.“
Es zeigte sich hier eine Fähigkeit der Hunde, welche selbst berufliche Hundekenner bisher nicht hatten erkennen können – aus Mangel an Gelegenheiten natürlich: Wie sensibel die Sinne der Hunde wirklich sind und wie sie Ursache und Wirkung miteinander verbinden können.
„Moritz stutzte plötzlich“, fährt der Autor fort, *„und warf sich gleichzetig leise winselnd auf den Boden, den Bruchteil einer Sekunde früher, als wir bemerkten, was kam. Dann lagen auch wir flach, Deckung suchend und im Handumdrehen auf der Chaussee neben unseren Kisten voll Munition und Verpflegung. Was war los? Vier, fünf Abschüsse waren dem Hund in der Ferne zu hören und das brave Tier hatte mehr instinktiv als sicher gefühlt, dass die Granaten, die heranpfiffen, ihm und uns galten.“*

Dieses Verhalten konnte der Autor des Berichts später noch öfter bemerken, und Kameraden von der Kavallerie bestätigten, das ihre Pferde, wenn sie länger im Feld gestanden hatten, heranrauschende „dicke Brocken“ Sekunden vor dem Einschlag hörten und oftmals die rettende Flucht ergriffen. (Ein Vorgriff auf den nächsten Krieg: Da konnten Tierhalter wie Landwirte, Zoowärter, Spediteure und und Pferdeausbilder feststellen, dass ihre vierbeinigen Helfer und vor allen Geflügel wie Gänse, Enten und Pfauen anfliegende Bomberverbände eher wahrnahmen als Sirenen sie ankündigten).

Max und Moritz kennen durch ihre Läufe das Gelände so gut, dass sie neue Soldaten, die nach vorn müssen, auch nachts sicher führen können, aber immer erwecken sie den Eindruck, dass Meldeläufe von Führer zu Führer ihr eigentliches Metier sind. Sie überleben den Krieg nicht: Nach einer schweren Beschießung des Schlosses bringt Max die Meldung nach vorn, dass Moritz umgekommen sei. Max selbst fällt wenig später im Keller des Schlosses einer Flugzeugbombe zum Opfer.

Es muss jetzt kurz angerissen werden, warum überhaupt es so viele Meldehunde geben musste – welche dann tatsächlich zeitweise auch im nächsten Krieg benötigt wurden. Der „Stellungskrieg", - der Name sagt schon alles über sein Dasein aus -, machte seine ersten Anfänge im Krieg von 1870/1871, als Armeen aber meistens solange hin und her durchs Gelände marschierten, bis eine Schlacht unausweichlich wurde. Die Verbindung der Armeeführung mit den kämpfenden Einheiten bestand damals ausschließlich aus Reitern im Rang eines Adjutanten, welche mit Depeschen zur Truppe zu reiten hatten oder umgekehrt.

Zwischen dem genannten Krieg und dem Weltkrieg lagen jene Jahre, welche einen technischen Fortschritt brachten, der von keinem Fachmann vorhergesagt worden war. Ein Beispiel nur: Bei Kriegsbeginn 1914 konnte die deutsche Marineleitung ihren in fernen Meeren operierenden Kriegsschiffen, es sei nur der Graf Spee mit seiner Flotte genannt, über Funk wichtige Meldungen zum Verhalten zukommen lassen. Das bedeutete aber nicht, dass diese Möglichkeiten 1914 bis 1918 im Landkrieg bestanden, aber dort gab es ja schon das Telefon – freilich nur über verlegte Kabelleitungen.

„Und da lag der Hase im Pfeffer", wie ein Kompaniechef verlauten ließ, und er fügte hinzu: „Schon bei leichtem Beschuss, und gar erst beim stunden- und tagelangen Trommelfeuer, ging jede Telefonleitung hinüber. So schnell konnte man sie gar nicht instandsetzen..."

Also: Zuerst zweibeinige Meldeläufer, dann, wie geschildert, vierläufige!

Es gab viele dieser Helden, von einigen ist sichere Kunde überliefert. Denn, wir berichteten bereits, Frontsoldaten waren eifrige Briefeschreiber und echte Reporter, und zu Hause wollte man wissen, wie es *Wanda, Ecko, Hans* und Max und Moritz an der Front erging. „Der Läufer von Guillemont" hieß ein Schäferhund, der im stärksten Feuer nach hinten geschickt wurde, um Munition zu holen, die Lage zu melden und um Verstärkung zu bitten. Das Kuriose dabei ist, dass er bei den Soldaten vorne nur als Maskottchen „gemeldet" ist, aber er begreift sofort, prescht durch das Trichterfeld nach hinten und erledigt freudig seine Aufgabe.

Auf die Gefahren, welche auch auf einzelne Hunde lauern, möchten wir hier ausdrücklich hinweisen: Auf der Feindseite lauerten Scharfschützen, die wussten, dass diese Hunde kriegerische Aufgaben durchführten und genauso erbarmungslos wie Soldaten und etwa eingesetzte Brieftauben beschossen werden mussten.

Schäferhund „Ecko von Boullecourt" hatte das unwahrscheinliche und seltene Glück, mit seinem Herrchen zusammen in den Krieg ziehen zu dürfen. Bestand doch bereits in der Mitte des Krieges ein fühlbarer Mangel an „Absendern" und „Annehmern", also an Führern und Gegenführern. Augenzeuge Hans Schonfeld berichtet über Ecko:
„Ecko stand inmitten der Tankschlacht von Cambrai – da fielen die Menschen wie die welken Blätter der Bäume, die schon längst unter den Granaten und den Ketten der Panzer gerodet und zermalmt worden waren. Alle Verbindungen rissen ab und der Hund, dieser Hund allein schien

Rettung zu bedeuten. Er bekam Arbeit, dass ihm die Zunge übers Halsband hing, und rannte bis zur Dunkelheit, als die Kämpfe abflauten, wohl an die zehnmal hin und her, her und hin, an toten und verwundeten Soldaten und brennenden und explodierenden Panzern vorbei. Sein Diensteifer war so groß, dass er sich jeweils bei beiden Herrchen kaum Verschnaufpausen gönnte...“

Wanda war eine schwarze Schäferhündin, die bei Douaumont ein ganzes Bataillon rettete, das bereits eingeschlossen und in der Führung aufgegeben war, weil keine Verbindung mehr bestand. Aber in der Hölle von Verdun überbrachte sie noch eine Nachricht an den Stab, so dass das Bataillon entsetzt werden konnte. Wanda wurde erst richtug munter, wenn um sie herum die Erde aufspritzte und musste in ihrem überschäumenden Temperament davor bewahrt werden, niedergehende Leuchtkugeln zu apportieren.

Dobermannpinscher *Hans Nr. 9* schien versagt zu haben, als er kurz nach dem Start in den Graben zu seinem Auftraggeber zurückkehrte. Feigheit? Die Nerven verloren im Hagel der Geschosse? Des Rätsels Lösung war, dass sich seit seinem letzten Meldelauf die Landschaft durch Trichter und Erdanhäufungen so verändert hatte, dass er die Orientierung verlor. Also war ein erneutes Abgehen der Strecke notwendig, damit sich Hans Nr. 9 wieder orientieren konnte.

Der bekannteste Hundeausbilder des Weltkrieges, Leutnant Müller, berichtet von einem anderen Schäferhund:

„Der berühmte Flandernhund der Meldestaffel 4 der IV. Armee, ein mächtiger schwarzer Schäferhundrüde, legte an einem Tag 90 Kilometer im Trommelfeuer der Flandernschlacht zurück. Fünfzehn Mal pendelte er zwischen der

vordersten Linie, durch den Höllenlärm der berstenden Granaten und die splitterdurchsetzten Erdfontänen zum Kommandeur, bei dem in der Telefonzentrale sein Führer wartete und wieder zurück zum Gegenführer nach vorne.“
„Und wenn sie im Feuer fielen?“
„Ja, manche fielen, das war ja unausweichlich. Aber wieviel zweibeinige Meldeläufer wären gefallen, wenn die Hunde nicht gewesen wären! Unsere Soldaten, auch die einfachen und früher sehr skeptischen unter ihnen, konnten nichts anderes tun, als ihren Vierbeinern ehrenvolle Begräbnisse auszurichten...“
Diese Soldaten, denen der andauernde Krieg die Herzen versteinerte, doch nur jene, die ihre Heimat wiedersehen durften, haben lebenslang die treuen, aufopfernden Vierbeiner nicht vergessen können – was ihnen allen auch die Nachkriegszeit bescherte. Nur als „Anhang“ berichten wir, dass ein gewisser Meldegänger Adolf Hitler, uneingeschränkt tapfer wie er war, sein Überleben an der Westfront nur dem Umstand zu danken hatte, dass Hunde den Menschen als Meldeläufer vertreten hatten...

Das Deutsche Reich fühlte sich seit 1914 „von Feinden umzingelt“, was ja auch zutraf, denn es gab nicht nur die bereits besprochene Front im Westen, sondern auch jene gefährliche im Osten, dann später die italienische im Süden und von Anfang an die britische Abriegelung der Nordsee. In Ostpreußen war der russische Einbruch vorerst in zwei beweglichen Schlachten abgewehrt worden, aber dann gab es auch dort den Stellungs- und Grabenkrieg mit seinem Hin und Her und vielen ruhigen Tagen und Wochen. Eine ideale Zeit für Meldehunde!

Infanterist und Unteroffizier Klemens Abramowsky aus Allenstein war von zu Hause her Hundezüchter aus Liebhaberei und ein richtiger Hundeflüsterer geworden: Dadurch, dass er, wie er behauptete, am Mienenspiel seiner Lieblinge erkannte, was sie dachten und demnächst tun würden, und durch seine beinahe demagogische Fähigkeit, ihnen seinen Willen aufzuzwingen.

Darum befahl ihm sein Hauptmann, dem Unwesen der russischen Meldehunde ein Ende zu bereiten.

„Jetzt ist gerade eine ruhige Zeit, Unteroffizier, nehmen Sie ein paar Soldaten mit, pirschen Sie sich an die feindlichen Linien heran und knallen Sie diese lästigen Köter ab!"

„Darf ich's erst mit meiner Methode versuchen, Herr Hauptmann?"

Das durfte er. Mit zwei weiteren Kameraden, die zu Hause Jäger waren, zog er nach Einbruch der Dunkelheit los. Still war's, einige Leuchtkugeln der Russen stiegen in den Nachthimmel – das richtige Wetter für Wölfe in der Paarungszeit! Die drei Hundejäger setzten sich auf ihre Hintern und begannen, die ruhige Nacht mit ihrem Wolfsgeheul auszufüllen. Keine Minute und es gab Antwort. Von Wölfen, die hier natürlich vorkamen, oder von russischen Meldehunden? Die ja in der Nacht nicht eingesetzt wurden.

Unteroffizier Klemens A. hatte noch weitere Lockmittel auf Lager: frisch angebratene Fleischstücke von Wildschweinen, die tags zuvor geschossen worden waren. Der leichte Westwind strich von hinten heran und würde, so hoffte man, den russischen Vierbeinern in den Nasen kitzeln. Das gelang überraschend gut.

„Ich höre sie herantraben" – „Sie schnüffeln schon" – „Sie antworten mit Geheul da von rechts her", so die Kommentare der deutschen Jäger.

Sei es, dass die russischen Hunde im Füttern kurzgehalten wurden oder ihnen die Ausbildung fehlte oder ihr Gehorsam und ihre Freundschaft zu den Führern nicht ausreichend waren; sei es, dass Klemens' einladendes Wesen und vertrauenerweckende Stimme den Ausschlag gaben: Sie schnüffelten sich heran und fingen mit ihren riesigen furchterweckenden Schnauzen die hingeworfenen Wildschweinhappen aus der Luft. Das war erst der Lockungen Anfang, schon nahmen sie die Brocken von der Erde auf, dann, noch zaghaft, aus deutschen Händen frisch in russisch-kirgisische Schnauzen – eine erste zaghafte Völkerverständigung bahnte sich an!

Jetzt hätten die drei Soldaten kurzen Prozess machen können: Nämlich die vier Hunde, die sibirischen Saupackern glichen, in den Hundehimmel zu schicken. Doch sie wollten weder Mörder noch Verräter an ihnen werden, so nahmen sie sie am Halsband und führten sie, die sich bereits wie zu Hause zu fühlen schienen, in die eigenen Stellungen zurück. Auf den Vorwand des Hauptmanns, Befehle nicht ausgeführt zu haben, gab Klemens A. zurück:
„Die Westfront sucht dringend Meldehunde, Herr Hauptmann, dort warten Hundeführer auf Nachschub aus der Heimat..."

Als man an diesem Abschnitt der Front erfuhr, dass die Russen solche Hunde kaum zum Melden benutzten, sie vielmehr versuchsweise in Minenfelder vorschickten, waren die deutschen Soldaten froh, sie nun, vielleicht nur vorläufig, gerettet zu haben. Im Großen und Ganzen hatte das Meldewesen an der östlichen Front weniger Bedeutung als im Westen, obwohl, Russlandkenner wussten es, der einfache russische Mensch ein großer Hundefreund war.

„Es kann sein“, kommentierte Hindenburg 1916, „dass Unzufriedenheit mit der militärischen Führung und Hass auf das Zarenregime schon in den Soldaten gärten.“

Das unübersichtliche Gelände der **Alpenfront** in Südtirol, ein bisher kaum bekannter Kriegsschauplatz, ließ Sentimentalitäten wie die für Russland geschilderten nicht zu. Unübersichtlich bedeutet nicht nur, schlecht sehen zu können, sondern auch schlecht gesehen zu werden. Das nutzten deutsche wie italienische Scharfschützen aus. Die Deutschen besaßen die besseren Karabiner und Ferngläser, und so legte sich Scharfschütze und Gefreiter Karlheinz Fahrenhorst, (der Name wurde geändert), von der Truppe Erwin Rommel in gefechtsruhigen Tagen in der Nähe des Plöckenpasses auf die Lauer, um Alpinaris und ihre Hunde haargenau ins Visier zu bekommen. Die gebissstarken, wie abgeschlankte Bernhardiner aussehenden Hunde wurden im steilen Gelände besser fertig als ihre teilweise aus Sizilien stammenden Führer, und der Gefreite war sowieso der Meinung, dass von ihnen mehr Gefahr ausginge als von ihren Führern.

Also nahm er sie ins Fadenkreuz seines neuen Zielfernrohrs und schoss ihnen ins Hinterteil, so dass sie heulend aufjaulten und meistens zu Tal stürzten. Sofort nach dem Schuss, - jeder ein Volltreffer! -, veränderte er seinen Standort, so dass er von den wild nach oben schießenden Karabinieris nie getroffen wurde. Analog zu dem schon während des Krieges bekannten „Schützen von Flandern“ ging Fahrenhorst eine Zeitlang als „Schütze vom Plöckenpass“ in die lokale Kriegsgeschichte ein. Legendär wurde an der Trentiner Italienfront das Moskowiter Terrierpaar *Nicki* und *Willi*, so frei geheißen nach zwei der hauptsächlichen Kriegsherren der Zeit. Ihr Führer war Feldwebel Edzard Tadden aus Ostfriesland, welcher sich an der Ostfront das „Wolhynische Fieber", also die Malaria eingefangen hatte.

„Versetzt an die frische Luft", befahl der Stabsarzt.

So kam Edzard mit seinen beiden Hunden nach Wolkenstein in Südtirol, wo sich die österreichische Bevölkerung bereits in großer Aufregung befand: Denn es war durchgesickert, dass Südtirol nach der Niederlage der Mittelmächte an Italien verschachert werden sollte.

Im Hochgebirgsklima dort gab's kaum Mücken wie in der Poebene, Edzard wurde mit keinen Anfällen mehr geplagt, er erholte sich und Nicki und Willi mauserten sich zu den besten Kriegshunden dort, die Tirol je erlebt hatte. Jeder Viehhalter des Gebirges weiß um die Bremsenplage im Hochsommer: Oft kann das Vieh, Rinder, Ziegen und Pferde, über Tag kaum auf die Almen getrieben werden. Nicki entwickelte sich neben seiner Tätigkeit als Meldeläufer zu einem „Bremsenschnapper", der diese blutgierigen und damit gefährlichen „Brummer" aus der Luft abfing und genüsslich verspeiste. Willi versuchte sich auch als „Granatenschnapper", zum Glück stets erfolglos, weil ihm schon der erste sichere Fang den sicheren Tod gebracht hätte.

In ihrer Meldeläufer-Arbeit schlugen Nicki und Willi den italienischen Schützen Schnippchen auf Schnippchen: Durch Zickzackläufe herauf und herunter, Felsvorsprünge als Deckung nutzend und auch Pausen einlegend, wenn Maschinengewehre allzu heftig auf sie einzuhämmern versuchten.

„Sie waren so raffiniert", berichtete Edzard, „dass sie die feindlichen Schützen zu verhöhnen schienen, jedenfalls so ablenkten, dass wir ihnen Handgranaten ins Genick werfen oder von unseren Scharfschützen so einheizen konnten, dass sie wie kleine Felsenstücke die Hänge abwärts rollten und unten tot waren."

Ein originelles nächtliches Kriegsabenteuer ließen Nicki und Willi gut auslaufen. Sie bewiesen dabei ihre natürlichen, ihnen angeborenen Fähigkeiten im Hören und Schnüffeln. Der Zug der 1. Kompanie nächtigte in einer Kaverne, die keine Sackgasse war sondern die Möglichkeit bot, sich bei einem Angriff nach hinten zurückziehen zu können. Man kochte gerade zur Nacht ab, da, plötzlich knurrten Nicki und Willi verhalten und mit aufgestellten Nackenhaaren, dann Steinekollern, Schleichschritte, Kratzgeräusche, die eigenen Wachtposten wichen ein paar Meter in die Höhle zurück und hielten die Gewehre im Anschlag.
„Parole?"
Keine Antwort, aber die Hunde knurrten warnender. Ein dunkler Schatten vorm Höhleneingang, drei Schüsse in ihn hinein! Und tatsächlich: Ein Italiener wurde erlegt und sofort von Nicki und Willy gezaust – es war ein Trentiner Braunbär! Sein Fell bot in der Folgezeit eine gute Unterlage zum Hocken und Schlafen. Nicki und Willi kehrten allerdings nach dem Waffenstillstand von 1918 nicht als „die Itakerjäger" nach Ostfriesland zurück, zu denen sie sich im letzten Jahr gemausert hatten, sondern als Tiroler „Rattenfänger". Über einen Punkt des Stellungskrieges an allen Fronten haben wir bisher nicht berichtet: die Ratten- und Mäuseplage. Verbürgt ist, dass die Behörden der Stadt Wien eine Aktion gestartet haben, soviel wie möglich der herrenlosen Stadtkatzen einzufangen und auch freiwillig gespendete anzunehmen und sie an die Gräben der eigenen

und deutschen Stellungen abzugeben; mehr als 3.000 kamen zusammen. Die Nagerplage entstand, weil die Gräben und Unterstände ihnen ideale Biotope boten, wo es Abfälle, Verstecke, Heckmöglichkeiten und Wärme gab und die Vermehrung trotz zorniger und wüster Orgien von Verfolgung, Mord und Totschlag explodierte.
„Wenn wir Essen fassten“, berichtet ein unbekannter Kriegsteilnehmer der Ostfront, „und allerlei Leckereien wie Weißbrot, Wurst, Schinken, Zucker, Marmelade und Schokolade in die Unterstände gelangten, sprangen uns die Mäuse in Kochgeschirre, Pfannen und Kochtöpfe und die Ratten machten sich über uns selbst her, wenn wir die Sachen in unsere Jacken- und Hosentaschen stopften.“
„Unsere braven Hunde“, berichtet ein anderer, „waren zuerst voller Mordgier begeistert bei der Sache, bissen ganze Mäuselknäuel zusammen, wurden jedoch von geballten Ratteneinheiten angegriffen – da waren sie froh, von uns nach draußen zu ihren Einsätzen kommandiert zu werden.“
Nur nebenbei sei bemerkt, dass auch die „offiziellen Katzenkommandos“ mit der Mäuseplage nicht Herr wurden, sie löste sich im Frühjahr 1917 „rein biologisch“ auf und hinterließ einen ganz normalen Grundstamm unausrottbarer harter Individuen. Nicki und Willi kehrten mit Herrchen Edzard Ende 1918 nach Ostfriesland zurück, lebten noch zwei Jahre und wurden auf dem Bauernhof „mit allen Ehren“ beigesetzt...

Inzwischen kam es gegen Halbzeit des Krieges zu regelrechten Engpässen im Nachschub an vierbeinigen Meldeläufern, die jetzt offiziell und amtlich *Nachrichtenhunde* hießen. Und zwar auch bei den Engländern, welche den nördlichen Teil der langen Westfront hielten; Frankreich hatte sich nicht sonderlich um Kriegshunde gekümmert. Die Hundeverluste der deutschen überwogen den Nachschub, denn wenn man auch bei menschlichen Rekruten in Notzeiten die Ausbildung bis aufs Notwendigste beschränken konnte – bei Tieren ging das nicht. Patriotische Hundefreunde in der Heimat spendeten Tiere noch und noch, nun auch alle Rassen und Mischlinge aller Größenklassen: Terrier, Spaniels, Pinscher, Pudel, Münsterländer – Hauptsache, sie waren gelehrig und mutig.

„Kleine Hunde", erklärte der schon erwähnte Franz Müller, Feldjäger und Forstmeister, „sind unauffälliger, flinker, wendiger, von Scharfschützen kaum auszumachen, sie wuseln sich durch Splitterregen und MG-Garben besser hindurch als Schäferhunde und Dobermanns."

Wir haben hier nicht den Platz, großzügig über die neuen Hundeschulen und ihre Ausbilder zu unterrichten. Müller warb in der Heimat, ihm Hunde gegen Bezahlung zu überlassen, „die man Ihnen als Spender nach dem Krieg zurückgeben würde", und die Opferbereitschaft war überwältigend. Seine Abrichter mussten es schaffen, die Hunde in vier Wochen und möglichst nach kürzer „frontreif" zu machen; (über die Ausbildungs- und Abrichtungsmethoden gibt es zahlreiche Literatur)!

Über die Öffentlichkeitsarbeit und die Frontschilderungen in Jagd- und Hundezeitschriften, aber auch in den so genannten wöchentlich erscheinenden Landwirtschaftlichen Wochenblättern, wuchs nicht nur das Interesse der einfachen Bevölkerung, sondern auch bei Männern an der Spitze des Staates: der Kaiser, der allbekannte Feldmarschall und sein fast noch mehr populärer „Oberquartiermeister". Der Nachschub an Nachrichtenhunden pendelte sich schließlich zufriedenstellend auf etwa 2.000 pro Monat ein.

Ab 1917 bequemten sich schließlich auch die Artilleristen, - gegenüber den gewöhnlichen Infanteristen ein ziemlich hochnäsiges Volk -, auf die Dienste der Meldehunde zurückzugreifen. Sie waren oft, besonders bei Vormärschen, ohne Verbindung zur Bodentruppe vorne und wussten nicht, wohin sie schießen sollten, wenn die Kabelverbindungen unterbrochen waren. Dann konnten nur die Meldehunde die Verbindungen halten, und weil sie mindestens doppelt so schnell liefen als der schnellste menschliche Melder, brauchte es manchmal nur vier bis sechs Minuten, bis eine Meldung von vorn bei den Geschützbedienungen einlief. Diese wunderten sich zwar nicht, dass ihre Meldehunde nach einem Fünf- bis Zehnstundendienst wie tot ins Gras fielen und sich ausschliefen, aber nicht erwachten, wenn neben ihnen die schweren Mörser und 15-cm-Haubitzen losdonnerten. Darüber schrieben viele Soldaten nach Hause und fügten als Nebenhermeldung an, dass auch Singvögel wie Lerchen, Rotkehlchen und Nachtigallen munter weitersangen und ihrem Brutgeschäft nachgingen.

„Tiere gewöhnen sich an alles“, war der Kommentar.

Allmählich, besonders in längeren Ruhezeiten, vermeldet als „Im Westen nichts Neues“, ließ die Disziplin der Meldehunde deutlich nach, weil die Soldaten sich mit ihnen im Zeitvertreib einließen, mit ihnen schmusten und sie fütterten. Bis das Donnerwetter von den beiden amtierenden Hundeführern kam:

„Nur wenn die Hunde auf ‚uns beide’ als ihre Führer geprägt sind, machen sie zuverlässig ihre Runden, ohne sich ablenken zu lassen.“

So mussten die Soldaten ihre Liebesbeweise auf ihre Maskottchen, über die wir noch ausführlich berichten werden, beschränken.

Es war gar nicht so einfach, die vielen Hunde, welche der Armee unterstellt wurden, auf unbedingten Gehorsam abzurichten. Denn es war allen Kennern klar, dass privat und aus Tierliebe gehaltene Hunde von tatsächlichem Gehorchen wenig kennen und zu Hause „oft die Hosen anhatten". Diese meist lustigen Burschen aller Rassen mussten nun streng und gnadenlos hergenommen werden. Zum Grundgehorsam, der ihnen beizubringen war, gehörten folgende Kommandos, welche sie nur zum Teil von zu Hause her kannten:
Abrufen, bei Fuß laufen, Sitz halten, Platz halten, Warten auf dem Platz, Bellen abgewöhnen, Gewöhnung ans Schießen und an den Gefechtslärm, freudiges Mitarbeiten ohne Angst vor Strafen. Weil die Zeit knapp war und die Front nach diesen Hunden rief, musste diese Dressur in dreißig Tagen durchgezogen sein. Nicht alle Hundebesitzer des Deutschen Reiches waren mit diesen rohen Gewaltmethoden der militärischen Hundeabrichter einverstanden, so dass sich die freiwilligen Hundespenden leicht verringerten. Abhilfe suchte man, indem die städtischen Tierheime nach brauchbaren Tieren abgesucht wurden, doch diese waren meist im Charakter verdorben und nicht mehr auf unbedingten Gehorsam zu bringen.

Inzwischen wurden verschiedene Methoden entwickelt, die einzusetzenden Hunde „schussfest" zu machen. (Bei den vielen gespendeten Jagdhunden war das kaum noch notwendig.) Wenn der Ausbilder einen Hund aus dem Zwinger oder Verschlag geholt hatte, gab er selbst erst einmal einen Schuss aus der Pistole ab. Da konnte er schon in etwa sehen, welch einen Kandidaten er da erwischt hatte: Angsthase, Schisser, Angstpinkler oder einen kaltblütigen und aufmerksamen Zuhörer. Konnte die Ausbildung weitergehen, kam der Karabiner zum Einsatz, dann brüllten Handgranaten auf, schließlich Kanonenschüsse. Wenn ein Hund hier absichtlich gefüttert wurde und sich dabei um den Kriegslärm nicht kümmerte, hatte er den Test bestanden; er war frontreif, wenn er vorher alle Gehorsamsübungen auch bestanden hatte.

An anderen Orten wurden jene Hundeführer ausgebildet, welche ihr Kompaniechef an der Front zu diesem Zweck freigestellt hatte; da mochte wohl mancher mitmachen! Auch Männer, die zu Hause Hundehalter gewesen waren, mussten hier erst noch lernen, dass alle Melde- und Nachrichtenhunde nur von ihren beiden Führern Befehle annehmen und dass sie von anderen Soldaten keinesfalls gehätschelt oder sonstwie verwöhnt werden dürfen. Ein Hundeführer schrieb nach Hause, wo seine Familie weiterhin fleißig Hunde für die Front züchtete:

„Wenn meine Hunde nebenher von Kameraden gefüttert werden, verlieren sie ihr Pflichtbewusstsein mir gegenüber sehr, ich werde dann zur zweiten und dritten Bezugsperson heruntergestuft...“

Sanitätshunde

Im Gegensatz zum Meldehundewesen bestand das Sanitätshundewesen bereits vor Ausbruch des Krieges als Organisation und Bestandteil der Truppe. Die vorhandenen Hunde waren schon ausgebildet und bereit zum Einsatz. Schon zehn Jahre vor dem Krieg hatte die Schweiz bei ihren Manövern praktische Versuche mit ihren Sanitätshunden gemacht, die zur allgemeinen Zufriedenheit bei den anspruchsvollen hohen Militärs des Landes ausfielen. Und so dauerte es nicht lange, - weil die neutrale Schweiz in vielen militärischen Angelegenheiten als Vorbild galt -, bis auch die übrigen europäischen Staaten nachzogen. Ganz richtig urteilten Fachleute, dass Stöbern, Nachsuchen und Auffinden noch mehr den natürlichen Anlagen von Hunden nachkam als das Hin- und Hereilen von einem Herrchen zum anderen, welches dem Meldehund mühsam beigebracht werden musste.

Ja, dieses Aufspüren, Suchen, Finden und Verweisen durch Lautgeben und Verbellen und andere dem Führer darzubietenden und abzusehenden Äußerungen – das sind Lieblingsbeschäftigungen echter Jäger! Und Jäger sind alle Hunde, mögen sie als Pudel feiner Damen zu Hause nach Strich und Faden verwöhnt worden sein, der Polizei bei der Täterfahndung gedient, einen einsamen Bauernhof bewacht oder einem Förster bei der Hirschjagd geholfen haben; obeinige Dackel, schlanke Wind- oder edle Rassehunde oder gemächlich-gemütliche Bernhardiner, aus Tierheimen stammend und auf der Straße aufgelesen sein – sie alle laufen, rennen und stürmen gern in freier Natur daher und lernen schnell, was ihnen ein guter Ausbilder beizubringen versucht.

Ja, während für den Nachrichten- und Meldedienst große, starke, mutige, robuste, wehrhafte, ausdauernde und draufgängerische Hundetypen am besten geeignet sind, benötigt der militärische Suchdienst mehr die zärtlichen, anschmiegsamen Charaktere, mit Vorliebe weibliche, die nicht sofort giftig und aufgeregt verbellen. Hier waren es wieder die Deutschen Schäferhunde, die sich vor allen anderen bewährten, aber auch Doggen und Dobermanns.

Die Hundevereine, sehr an dieser Sache interessiert, bildeten aus, die Ausrüstung übernahm eine Zentralkommission des Sanitätswesens. Sie bestand aus Leibgurt, zwei große Taschen, Verbandszeug, Pflaster, Schere und Bindfaden für erste Hilfe vor Ort. Für die vorläufige Stärkung der Gefundenen gab es Tee, Kaffee, Wein, Rum, Schokolade und was zum Knabbern. Um die Hunde als im humanen Dienst stehend zu kennzeichnen, trugen sie am Hinterschenkel das Tuch mit dem roten Kreuz. Die Ausbildung selbst war weniger aufwendig, weil, wie berichtet, sie den natürlichen Anlagen des Hundes näher kommt als beim Meldedienst.

Natürlich waren beim Beginn des ersten Krieges, den der normale Bürger gar nicht kommen sehen konnte, nicht genug Hunde bei der Armee. Auch hier wurden Hundehalter aufgefordert, mit ihren Lieblingen helfend einzuspringen. Die deutsche Öffentlichkeit war, was die aktiven Soldaten und den Krieg selbst betraf, zur Hilfe durchaus begeistert und hochmotiviert, „doch die armen Vierbeiner von zu Hause wegzuholen und vom Feind erschießen zu lassen“, war nicht jedes Hundefreunds Sache. Es äußerte sich Kritik:
„Es kann nicht angehen, dass dieselben (Hunde) bei den Truppen in den Garnisonen aus Mangel an Beschäftigung verfaulenzen, Mastkälbern gleich verfüttert und mit der Zeit unbrauchbar werden.“
Schwierigkeiten bestanden auch darin, weil viele Hunde sich partout nicht an ihre neuen Herren und Führer gewöhnen mochten. Doch es musste im Interesse der Front weitergehen. Private Hundevereine organisierten nun die Abgaben: 1914 waren es 570 Hunde, Ende 1915 schon 2.500,

insgesamt gingen cirka 7.000 Sanitätshunde an die verschiedenen Kriegsschauplätze. Seit Mai 1915 erfolgte die Ausbildung für alle Fronten einheitlich in Berlin. Aber die vielen Hunde verlangten natürlich zahlreiche fähige Führer, welche aus den Kampflinien und einzelnen Kompanien abgezogen werden mussten, 1.800 waren es bis Ende des Jahres 1915. Aber es waren nie genug, teils weil der Krieg nicht den Verlauf nahm, den sich die Feldherren vorgestellt hatten, teils weil die technische Feuerkraft verbesserter Waffen immer mehr Verwundete verursachte. So wurde die Zahl der Hunde bei den Sanitätskompanien von vier auf acht erhöht, eine Maßnahme, die vorher skeptische Truppenführer dann lebhaft begrüßten:
„Wenn ich heute bedenke“, schrieb ein Truppenarzt an seine vorgestzte Behörde in Berlin, „wie so manchem Verwundeten mit Hilfe des Hundes hätte Rettung gebracht werden können, so kann ich die Absicht, die Zahl der Hunde zu erhöhen, nur mit aufrichtiger Freude begrüßen.“
Ein äußerst zurückhaltender Generaloberarzt alter Schule wohl wollte sich persönlich durch eine Probe überzeugen und berichtete nachher:
„Ich ließ an einem Wald mehrere Leute etwa zwanzig Schritte vom Waldrand sich völlig versteckt hinlegen. Der Hundeführer war nicht zugegen. Er bekam den Auftrag, den Waldrand absuchen zu lassen. Er sandte seinen Hund in Abständen von zwanzig Schritten in den Wald hinein und hatte den Erfolg, dass der Hund von jedem der Versteckten dessen Mütze brachte.“

Um heutzutage die Schwierigkeiten zu erkennen, unter denen alle Beteiligten ihrer Aufgabe nachgehen mussten, ist es vielleicht angebracht, sich einmal den klassischen

Stellungskrieg damaliger Zeit plastisch vorzustellen. Auch dort, wo längere Wochen oder Monate keine Schlachten oder mittlere Auseinandersetzungen getobt hatten, lagen sich die Gegner mit der Absicht gegenüber, sich soviel wie möglich personelle Verluste und Schaden zuzufügen. Bis zur letzten abendlichen Sichtmöglichkeit lauerten Scharfschützen beider Seiten auf Ziele wie Helme, Köpfe und andere Körperteile unvorsichtiger Gegener, die über dem Grabenrand sichtbar wurden; auch die Hunde in den Gräben, die nichts von solchen Gefahren wissen konnten, waren bevorzugte Ziele.

Oft lagen sich die feindlichen Gräben und Stellungen mit so wenig „Luftlinie“ gegenüber, dass geübte Handgranatenwerfer sie treffsicher bewerfen konnten. Kullerte eine Eierhandgranate unentdeckt in Graben oder Unterstand, dann war buchstäblich der Teufel los, und mancher Hund, der als Maskottchen gehalten wurde, kam bei dem Versuch ums Leben, das runde Ding wegzuapportieren oder mit ihm zu spielen. Minen flogen surrend von Graben zu Graben, die Artillerie machte speziell in der Finsternis, welche manchmal absichtlich durch Leuchtkugeln zum Tag gemacht wurde, ihre unverhofften Feuerüberfälle. Mit ihnen sollten wachsame Hunde und Soldaten in Deckung gezwungen werden, die wiederum vom Gegner genutzt wurde, Stoßtrupps loszuschicken. Diese Stoßtrupps zum Einbringen einzelner Gefangener und zur Lageerkundung hatten es in sich, wie Infanterieleutnant Christian Hilgemann und sein „Kamerad“ *Benno vom Odenwald* erfahren mussten.

„Freiwillige vor!“

Weniger eine Frage als ein Befehl! Schlafende schliefen weiter, Träumende taten gehörlos, Beschäftigte arbeiteten

fleißiger als vorher. Es war Anfang 1918 und „das Gift der Aussichtslosigkeit" begann sich auszubreiten wie das Giftgas vor einer Woche.
„Dann gehe ich eben allein und nur Benno begleitet mich."
„Benno ist ein Sanitäts- und kein Kampfhund, Herr Leutnant."
Aber es ist zu spät. Christian und Benno haben soeben die Gasse durch den eigenen Stacheldrahtverhau passiert und wollten sich langsam an die französischen Gräben heranschleichen, als Christian angesprungen und so Boden geworfen wird. Ohne Benno wäre er nun überwältigt und verschleppt worden, aber Benno entpuppte sich als echter Kampfhund: lautlos und ohne warnendes Knurren fuhr er dem Franzosen, der Christian im Schwitzkasten hatte, an die Gurgel und riss ihm die Halsschlagader heraus – der Todesschrei des Betroffenen schallte durch die stille Nacht, die eine Atempause zu machen schien, ehe eine höllische doch sinnlose Schießerei losbrach und Leuchtgranaten in den Himmel stiegen. Da waren Christian an Benno bereits wieder im Unterstand eingetroffen und ein Gefreiter, der an Benno Vaterschaft versah, putzte ihm mit einem Öllappen das blutige Maul sauber und verabreichte ihm eine frisch durch Hundewagen eingetroffene Gulaschsuppe. Nach einer halben Stunde schlug draußen ein Hund kurz an.
„Jetzt holen die Franzmänner den Gebissenen", kommentierte Christian, und Benno antwortete seinem französischen Kollegen mit einem knappen Gegengebell...

Der Sinn dieser nächtlichen Aktion, nämlich einen deutschen Gefangenen einzubringen, war dank eines mutigen deutschen Hundes hier fehlgeschlagen. Für den Einsatz von Sanitätshunden war dieses Gelände, wo sich die feindlichen Linien in Sicht- und Wurfweite gegenüberlagen, nicht sonderlich geeignet. Es geschah einfach zu wenig und die Hunde langweilten sich. Ein richtig für die Fähigkeiten von Sanitätshunden geeignetes Feld tat sich auf, wenn eine Offensive Geländegewinn von einigen Kilometern Tiefe gebracht hatte und dieses Gelände in der Hand des Angreifers geblieben war. Da mussten einfach viele Verwundete liegen, das war ganz unvermeidlich, Freund und Feind durcheinander, und jedem musste geholfen werden. Hatte der Feind keinen Einblick in das Gelände, konnte die Suche sofort beginnen.

Nun tauchte der Einwand auf, dass dann auch menschliche Sucher, die Sanitäter also höchstpersönlich, an die Arbeit gehen könnten und vermutlich nicht weniger Verwundete auffinden würden. Das stimmte im Prinzip und in der Theorie. Die Praxis sah aber so aus, dass man soviel Sanitäter gar nicht abstellen konnte und dass es Verhältnisse in Wäldern, Gebüschen, Dornenfeldern und Wassergräben gab, die für flinke und eifrige Hunde kein Problem darstellten und dass Sanitäter, - so unkte ein Kritiker -, nicht einen so feinen Geruchssinn wie Hunde besitzen.

Wo Kämpfe im offenen Feld wie Rübenäcker, Kornfelder und Heuwiesen stattgefunden haben, hat es immer Verwundete gegeben, die wegen des feindlichen Feuers nicht geborgen werden konnten. Sie mussten mindestens bis zur Nacht im so genannten Niemandsland liegenbleiben, ehe die Sanitäter mit ihren Bahren und Hunden losziehen konnten. Ein Teil von ihnen ist meist in der Nacht an der Verwundung, an Kälte und Durst verstorben. Leuchtkugeln gingen hoch, nicht immer ließ der Gegner den humanen Dienst zu. Tat er das, war die Stunde der Sanitätshunde gekommen. Im allgemeinen wurden sie einzeln losgelassen und zeigten ihrem Führer durch Mitbringsel an, ob sie fündig geworden waren. Erst dann marschierten, gingen oder krochen die Sanitäter ihren Hunden nach – auch bei Waffenruhe ein Einsatz voller Gefahren, wenn man nicht sicher wusste, ob das Gelände vermint war oder nicht. Wo Gefahren sind, gibt es auch Helden, die sie meistern – das sind unsere Sanitätshunde unter der Leitung von Sanitätern, die nicht weniger tapfer und unerschrocken sein müssen als ihre Kameraden im aktiven Kriegsdienst. Wir erzählen jetzt von unbekannt gebliebenen vierbeinigen Helden und solchen, die sich in den Herzen der Geretteten ein lebenslanges Plätzchen haben reservieren können...

Achtungsvoll berichteten selbst höchste Offiziere bis in den Marschallrang hinauf von den Leistungen der Sanitätshunde. In einer Stunde fand ein unbenannter Hund fünf Schwer- und zwei Leichtverletzte, in einer Nacht retteten vier Hunde einer Kompanie neunzehn Verwundete. Ein Hundeführer, welcher zum ersten Mal im Einsatz war, berichtet begeistert von der Tätigkeit seines *Stern*:
„In der Nacht zum 12. Dezember hat mein Stern in Polen eine Meisterleistung vollbracht. Er wurde angefordert, weil drei Soldaten seit 24 Stunden vermisst waren. Mit drei Bahren, zwölf Leuten und einem Feldwebel zog ich um 18 Uhr 30 los. Sämtliche Leute haben wir mit Stern gefunden, aber den schönsten Erfolg hatten wir, als wir zum zweiten Mal mit den Bahren losgingen. Wir fanden drei Soldaten, die schon 36 Stunden gelegen hatten. Auf dem Rückweg nun war Stern eine ganze Zeit fort, plötzlich in der Ferne sein scharfes Bellen, wir sogleich hin und der Hund steht vor einem verwundeten Unteroffizier, der mit einem Schuss durch beide Oberschenkel drei Tage hier ausgehalten hat-

te. Die Freude dieses Menschen war so groß, dass er meinen Stern umarmt und geküsst hat..."
Dabei blieb es nicht: Alle Drei haben sich nach dem Krieg zu Hause wiedergesehen und ganz offensichtlich auch wiedererkannt.

Zahlreiche Berichte dieser Art erreichten im Lauf des Krieges und danach den Deutschen Verein für Sanitätshunde, der sie gesammelt und veröffentlicht hat, um das Interesse der Öffentlichkeit wachzuhalten. Namen wie *Leo, Rolf, Sherlok, Nero, Bill, Mentor, Nelli, Hektor, Kastor* und *Pollux* stehen für heimatliche Schlagzeilen in Wochen-, Hunde- und Jagdzeitschriften:

„Neun Verwundete hinter Hecken und Büschen und in Rübenfeldern gefunden..."

„Fünf in Gärten und Kellern versteckt liegende Verwundete aufgespürt!"

„Ein Verwundetennest von vierzig Mann und eine Reihe unbeerdigter Gefallener gemeldet..."

„Der Hund führte uns zu zehn im Morast liegenden verwundeten russischen Soldaten..."

„Drei Franzosen gefunden, hier zwei Deutsche, dort weitere, die sich bereits aufgegeben hatten."

Foxterrier *Schlankl* aus Pfaffenhofen war „ein äußerst verspielter allerliebster Köter", der mit seiner feinen Nase und mittels eines Gehörs, das für „Feind hört mit" sehr geeignet war, die leiseste Ratte im Stiefel oder die nagende Schabe im Spind orten konnte.

„Er entdeckte", schrieb sein Sanitätsführer nach Hause, „im ihm völlig unbekannten und fremden Gelände 13 Schwerverwundete, die sich kaum noch rühren oder äußern konnten und teils unter Stroh und Grünzeug verborgen lagen, sozusagen im Vorübergehen nur seiner Nase nach."

Sein Meisterstück, das ihm wenigstens das EK Eins hätte einbringen müssen, leistete Schlankl sich einen Monat später. Seine Nase war inzwischen so auf „Verwundetengeruch“ fixiert, dass er diese Franzmänner beinahe besser und vor allem lieber suchte oder fand als seine vielen eigenen Freunde und netten Kameraden aus dem eigenen Frontunterstand. Der Pfaffenhofener Gefreite Ignaz Große-Kleimann schilderte später daheim Schlankls ungewöhnliche Meisterleistung:

„Wir marschierten eines Morgens zurück zur Ablösung und hatten nichts anderes im Sinn als Schlafen und nochmals Schlafen und vorher Sattessen zum Erbarmen. Schlankl konnte natürlich nicht zwischen Dienst und Freizeit unterscheiden. So sprang er plötzlich auf ein kleines Bauernhaus zu und begann vor der geschlossenen Dielentür zu kratzen und sehr aufrührerisch zu bellen. Wir befanden uns ab sofort ebenfalls im Dienst, zogen unsere Dienstpistolen und umstellten das Haus, während ich an der Tür herumdonnerte und ‚Sofort aufmachen!‘ befahl. Ein frankophiles Muttchen schlurfte heran, öffnete uns verängstigt und schrie auf, als Schlankl durch ihre Obeine hindurch in Haus vorpreschte. Keine Minute später erklang sein Triumphgebell durchs Fachwerkhaus...“

Ja, tatsächlich, im Ehebett der Bauersleute lagen drei deutsche längst vermisste Soldaten, die man hier zwar anständig verpflegt und nach Wissen und Können medizinisch versorgt hatte, aber ganz zweifellos einem französischen Stoßtrupp, der für die Nacht erwartet wurde, auszuliefern gedachte.

Ein Bericht aus der Sicht des Verwundeten soll zeigen, wie die Hunde in den zahlreichen Einsätzen vorgingen:

„Am 29. August 1914 wurde ich in der Schlacht von St. Quentin durch einen Granatsplitter schwer verwundet. Ich hatte hinter einer Dornenhecke gelegen und selbst auf gute Schussmöglichkeiten gelauert, als das heiße Eisen heranschwirrte und mich am oberen Oberschenkel voll traf. Hätte es die Hauptschlagader aufgerissen, wäre ich nicht davongekommen. Aber der Blutverlust schien doch sehr gefährlich zu sein und nur mühsam konnte ich mir einen Notverband anlegen. Ich duselte in der Hitze ein, was ich laut Anweisung und Lehrbuch zu vermeiden hätte, denn solcher Schlaf kann der letzte sein! Erst gegen 19 Uhr erwachte ich nach Stunden, welche französische Moskitos, auch Gnitzen genannt, zum ungestörten Blutsaugen genutzt hatten, und plötzlich stoben diese davon: Ein großer Jagdhund stand vor mir, ich glaube, es war ein Deutsch-Drahthaar, beschnüffelte mich ausgiebig und trabte davon, nachdem ich ihm mein Rotztuch ins Maul gesteckt hatte. Etwa zehn Minuten später kam der fleißige Hund zurück, gefolgt von zwei deutschen Sanitätssoldaten...“

Ein anderer deutscher Soldat mit Namen August Karl Lankenau, Oberleutnant und werdender Pianist, wenn der Krieg ihn überleben ließ und der schließlich gerettet werden konnte, verdankte sein Überleben einerseits Nicolo Paganini und andererseits dem französischen Sanitätshund *Pepi*, der ebenfalls Musikliebhaber zu sein schien. August war bereits mit der vom Hunde-Sanitätsdienst kürzlich eingeführten Suchplakette bestückt worden: Sie war vor der Brust zu tragen und bestand aus Holz und wetterfestem Leder und sollte einem Suchhund, der den Verletzten entdeckte, ins Maul gegeben werden und damit als so genanntes „Bringsel“ dienen und so dem Hundeführer anzeigen, dass der Hund fündig geworden war.

„Eine Kugel kam geflogen, galt sie mir...?“
August brach zusammen und konnte sich nicht mehr erheben. Um aus der brennenden Sommersonne an der Somme herauszukommen, robbte er sich auf ein Waldstück zu und versuchte, es sich unter einer Überhangfichte so bequem wie möglich zu machen. Irgendwie hatte es ihn am Rücken erwischt, so dass er sich nicht erheben konnte. Nun, nach Abklingen der Kämpfe würden sich seine Kameraden sicherlich aufmachen, ihn mit Hilfe ihrer wackeren Hunde zu suchen.

Vor Schwäche und wohl auch Blutverlust duselte August ein. Als er erwachte, war die Sonne im Untergehen und es herrschte, - kann man diesen Ausdruck für ein Schlachtfeld verwenden? -, himmlische Ruhe, wenn man vom Vogelgezwitscher absah! August kramte seine Eiserne Ration aus der Jacke und stieß dabei auf seine Mundharmonika, die ihn stets begleitete. Wie ist es?, fragte er sich, wenn ich ein wenig musiziere und damit vielleicht Kameraden und Hunde auf mich aufmerksam mache? Gefragt – getan! Seine Überlegungen zielten auf „Gott erhalte Franz den Kaiser“ und die Marseillaise, falls Franzosen in der Nähe wären. Doch dann fiel ihm seine Lieblingsmelodie ein, die er schon tausendmal auf dem Flügel geübt und welche das traditionelle Variationsstück aller Meister und Meisterinnen auf der Geige ist: Paganinis „Karneval in Venedig“. Es wird in Deutschland volkstümlich mit zwei Texten versehen:

„Mein Hut, der hat drei Ecken,
drei Ecken hat mein Hut.
Und hätt’ er nicht drei Ecken,
dann wär’ er nicht mein Hut.“

„Ein Hund schlich in die Küche
und stahl dem Koch ein Ei.
Da nahm der Koch die Kelle
und schlug den Hund entzwei."

Und so schwebte dieser musikalische Ohrwurm per Mundharmonika über das Schlachtfeld und eine leichte erholsame Brise trug die Töne in die zwei aufmerksam aufgestellten Gehöre von *Charles*, der ein *Epagneul Breton* und musikalischer war als sein Führer und Chef *Hubert Lautey,* der sich soeben ein Pariser Schnitzel Wiener Art einverleibte. Charles verweigerte einen Happen und richtete Gesicht und Gehör solange in Augusts Richtung, bis alle Soldaten vom Lagerfeuer aufstanden und ihre Ohren spitzten.

August vernahm Charles' Schnaufen und Hecheln eher als seine Laufgeräusche und sah vor seinen aufgerissenen Augen plötzlich diesen bretonischen Epagneul über sich aufwachsen wie ein aus dem Urweltsumpf aufsteigender Dinosaurier: Geifer und Schnotter troff auf seine Brust, eine Tatze setzte sich darauf, das Schüffelmaul wollte sein Gesicht ablecken – da waren Hubert Lautey und seine Mannen heran:

„Camarade Allemagne?" – „Oui-oui!"

(Mehr Franzönisch kannte August nicht !) Er lernte in der Gefangenschaft mehr von davon, im Lazarett freilich auch Marianne kennen, und so besaß er nach dem Krieg mindestens zwei Lebewesen, die er nie vergessen würde: Sie und ihn – Marianne und Charles...

Ein französischer Kriegshund hat einen deutschen Soldaten gefangen genommen! Jetzt nimmt ein deutscher Sanitätshund einen französischen Soldaten samt Maskottchen gefangen. Das Maskottchen namens *Laboche*, ein Mischling aus Deutschem Schäferhund und Normandie-Terrier,

der auf dem Rückzug in Richtung Paris seiner Familie abhanden gekommen war, wurde von Sergeant *Claude Pascal* aufgegriffen und der Kompanie nach der Verdun-Schlacht einverleibt. Diese Schlacht überlebt zu haben, war an sich schon eine enorme Leistung, zumal Laboche sich als exzellenter Hasen- und Kaninchenjäger profiliert hatte.
„Man denke nicht“, erzählte Claude in deutscher Gefangenschaft hinterm Rhein, *„dass dieses kleine und scheue Wild auf den Schlachtfeldern ausgerottet oder kopfscheu geworden war! Ich verpasste den Hasen stets einen Schuss in den Hintern, so dass sie lahmten und von Laboche apportiert werden konnten.“*
Claude wurde bei einem deutschen Vorstoß am linken Bein verwundet und verkroch sich mit Laboche in einem Ginstergestrüpp, um hier bis zur Dunkelheit auszuharren und dann mit Hilfe des Hundes die eigenen Stellungen wieder zu erreichen. In dieser Zeit schwärmten deutsche Sanitäter aus und warteten auf ihre Hunde, die gefundene Soldaten anzeigten. Durch die helle Mondnacht drang plötzlich Geheul, das kundige deutsche Zuhörer als nicht von den Verdun-Wölfen, welche hier nachts strolchten, abstammend diagnostizierten. Also ein Sanitätshund, der fündig geworden war.
„Aber unsere Hunde bellen nicht, wenn sie einen Verwundeten gefunden haben!“

Ja, es war Laboche, der bei Vollmond zu einem guten Kammersänger und –beller wurde. Seine Landsleute hörten ihn nicht, so dass Claude wohl in der Nacht von Mars oder Ares geholt worden wäre. So taten dies die Deutschen und brachten ihn schnurstracks ins nächste Feldlazarett...

Gemessen an heutigen Ansprüchen stand das Lazarettwesen damals sozusagen noch in den Kinderschuhen, Sauberkeit und medizinische Hygiene waren im Feld fast gar nicht auszuführen. Und wessen Wunden, das ist noch heute so, nicht schnell und gründlich genug gesäubert wurden, verfiel unweigerlich der folgenden Sepsis, dem Wundbrand und dem Wundstarrkrampf - das soll heißen, dass nicht jeder Verwundete, der noch ins Feldlazarett transportiert werden konnte, auch gerettet war...

Genügt das Wort „Dankbarkeit", um die Gefühle zu beschreiben, welche die Geretteten noch Jahre später Hunden allgemein und ihren Rettern beim Wiedererkennen entgegenbrachten? Das „Landwirtschaftliche Wochenblatt" berichtet von einem Soldaten, der auf einer Straße in Münster auf zwei Hunde zumarschierte, sie umarmte und streichelte und mit ihnen redete wie zu Kindern: Er hatte sie wiedererkannt, sie hatten ihn in Russisch-Polen in einer bitterkalten Novembernacht in mooriger Gegend und dichtem Gestrüpp gefunden – ein Soldat von Zehntausend, welche Sanitätshunde gerettet haben sollen. Als Ende 1918 die deutsche Front zusammenbrach und kapitulierte, verrichteten noch immer 2.500 Sanitätshunde ihren Dienst in der Armee. Sie wurden zum größten Teil arbeitslos, entlassen oder im glücklichsten Fall wieder von ihren früheren Herrchen übernommen.

Da hat doch tatsächlich jemand „die Zehn Gebote" für Sanitätshunde-Führer irgendwo und irgendwie zu Papier gebracht! Wir haben sie gefunden und veröffentlichen sie hier.

Gebot eins: Du sollst wissen, zuerst kommt deines Hundes Wohlergehen, dann das deine.

Gebot zwei: Ohne deinen Hund bist du überflüssig in dieser großen Zeit. Du sollst also deine ganze Aufmerksamkeit auf sein Wohlbefinden richten.
Gebot drei: Zähme deinen Zorn und deine Zunge, denn nur wer sich beherrscht, beherrscht auch seinen Hund.
Gebot vier: Du sollst deinen Hund reinlich halten, ihn baden, kämmen und bürsten.
Gebot fünf: Du sollst jeden Abend deines Hundes Pfoten genau untersuchen, damit er keine Schmerzen leidet und nicht lahmt.
Gebot sechs: Du sollst mit ihm üben, üben und nochmals üben.
Gebot sieben: Du sollst dich mit deinem Hund beschäftigen, sollst mit ihm sprechen und spielen.
Gebot acht: Du sollst beim Arbeiten mit ihm so lautlos wie möglich sein, keine Schelle, keine Pfeife, kein lautes Rufen, kein Bellen.
Gebot neun: Du sollst niemals bei Misserfolgen deinen Hund schelten, denn immer liegt der Fehler bei dir.
Gebot zehn: Du sollst deinen Hund als Freund und Kameraden halten und ihn nie verlassen in Not und Gefahr.

Wach- und Patrouillenhunde

Arbeitslos wurden auch die vielen Wachhunde im Militärdienst der Gefangenenlager nicht. Der Dienst als Wächter ist dem Hund sozusagen auf den Leib geschrieben, er braucht wenig Ausbildung und eigentlich nur die Möglichkeit, das zu bewachende Objekt ablaufen zu können. Bei den Lagern war es ja so, dass diese eingezäunt waren und sowieso schon kaum eine Möglichkeit des Entkommens Gefangener boten. Tagsüber wurden die Wachhunde meist an der Leine ums Gelände geführt, wobei es am Charakter des Hundeführers lag, Zynismus zu zeigen und Grausamkeiten zu begehen. Auf jeden Fall war hier Gelegenheit, die Hunde, sollten sie es nicht schon gewesen sein, ordentlich auf die Menschen hinter Gittern und Zäunen scharf zu machen; dazu brauchten sie kaum eine fundamentale Ausbildung. Nachts liefen diese Hunde meist frei übers komplette Gelände und wehe den Männern, die etwa einen Ausbruchsversuch wagen sollten! So oder ähnlich verhielt es sich wohl in allen Lagern auf allen Seiten des Krieges: Wachhunde waren nur halbe Kriegshunde.

Dem Wachhund nahe verwandt ist der Postenhund. „Postenstehen“ ist ein uralter Soldatenberuf des Menschen und ist auf zwei Beinen ermüdender als auf vieren – im günstigsten Fall und in Gemeinschaft bestand der Posten aus sechs Beinen! Vier davon liefen im kriegerischen Patrouillendienst lautlos neben zwei Füßen her, die auch, gehörten sie vielleicht zur Qualität von Indianerfüßen des vergangenen Wilden Westens, doch die Lautlosigkeit von Hundefüßen nicht erreichen konnten. Christian Wortmann, Obergefreiter in Belgien, hat den leichtverwundeten *Charles*, 3 und Dobermann, einem Kriegsgefangenen für 10 Mark abgekauft und in Pflege genommen. Das heißt, pflegen tat ihn die ganze Kompanie, aber er schien über den Besitzerwechsel genau Bescheid zu wissen. Als seine rechte Vorderpfote wiederhergestellt war, ließ Wortmann ihn bei Fuß gehen und brachte ihm Befehle in deutscher Sprache bei.

Noch vor wenigen Nächten wurden beim Patrouillegehen zwei Landser von einem französischen Spähtrupp überrascht und um ein Haar gefangen genommen, weil – nun, weil sie keinen Hund hatten mitnehmen können. Es erübrigt sich hier, die Vorteile eines Tieres, dessen Vorfahren nur von der Jagd allein lebten und doch auch selbst von Jägern gejagt wurden, gegenüber dem Menschen hervorzuheben: die stets wachsamen Sinnesorgane wie hören, riechen und sehen im Dunkeln und in lockerem Schlaf und das explosive Erwachen aus ihm.

„Wir aufrecht gehenden Menschen sind auch vor dunklem Nachthimmel für die stetig lauernden Scharfschützen gut auszumachen und manch einer von unseren Kameraden hat den auf ihn abgegebenen Schuss gar nicht gehört“, sagte Wortmann einem Korrespondenten, *„aber seit Charles nachts vor mir hertrabt bin ich bedeutend ruhiger und vor allem aufmerksamer bei der Sache.“*

Charles war stark genug, einem Menschen an die Gurgel zu springen und ihn zu Boden zu reißen. Das bewies er auf einer Streife mit zwei Männern „seiner“ Kompanie:

„Charles ging drei Meter vor uns und wir blieben stehen, wenn er stand und gingen weiter, wenn er ging. Das war unsere Rettung! Wir hatten den Auftrag, einen feindlichen Soldaten einzufangen, damit er hinten nach Strich und Faden über Feindabsichten verhört werden konnte. Diese Verrhöre fanden bevorzugt unterm Beisein zähnefletschender Hunde statt, welche den Eindruck erweckten, mit Gefangenenfleisch gefüttert zu werden. Charles verhoffte plötzlich, zitterte mit seinem Gesäß und schnellte sich plötzlich steil schräg nach vorn und oben und polterte dann, durch ein Gewicht berschwert, zu Boden. Der niedergeworfene Franzose war erfahren oder diszipliniert genug, sich im unmittelbaren Angesicht mit Charles' geiferndem Maul nicht zu mucken, also weder um Hilfe zu schreien oder seine Kameraden zu warnen... Ja, wen Charles anpackte und niederwarf, der brauchte keine Feldpostbriefe mehr zu schreiben...“

Im manchmal offenem Gelände zum Beispiel der Ostfront, wo es durch ausgedehnte Getreidefelder und anderes landwirtschaftliches Gebiet ging, ließ man den vorgehenden Truppen Späherketten mit Suchhunden vorangehen, welche zu melden hatten, wenn vorne versteckte Scharfschützen und lockere Trupps auf die Angreifer lauerten. Wurde die Lage verdächtig, genügten ein paar Pfiffe der Hundeführer, um Hunde und Soldaten sich niederducken zu lassen, so dass Karabiner- und MG-Schützen das Feuer eröffnen konnten.

„Das niedere Weizenfeld der ukrainischen Bauern", berichtet Leutnant Ackermann, zu Hause selbst Landwirt, *„schien außer Rehböcken und wilden Schweinen nichts zu beherbergen. Wir wollten es nicht anzünden, weil wir an das wertvolle Getreide und an das Hungern daheim in den Städten dachten. Um es ganz einzukesseln war unsere Kompanie zu schwach besetzt. Unsere sechs! Such-. Jagd- und Spürhunde warteten auf den Befehl, sich behutsam mit gespitzten Ohren und geweiteten Nasen ins Korn zu begeben – für sie war es eine lustige Jagd auf Wild, die sie schon kannten..."*

Viele Soldaten der Ostfront verdanken ihr Überleben ihren aufmerksamen Hunden.

„Man konnte dort in Mittelrussland umkommen", berichtete später in einem Kameradschaftsabend Kompaniechef Hauptmann Friedrich Fahrenhorst, *„ohne einen Schritt Vormarsch gemacht oder sonstwie gekämpft zu haben – man konnte einfach auf Nimmerwiedersehen verschwinden, nämlich untertauchen. Wenn ich an diese Moore denke..."*

Sein Hund weigerte sich beharrlich, vorzugehen, und als Herrchen zum ersten Mal in seinem Leben ungerecht losschimpfte, ging er tatsächlich los und versank augenblicklich halb im zähen schwarzen Morast.

„...da warf ich mich zu Boden, robbte auf ihn zu und konnte ihn am Halsband packen – seinen Dank konnte er nur durch das Ablecken meiner Hand ausdrücken."

Ratten- und Mäusefänger

Es gibt bekanntlich die Geschichte des Rattenfängers von Hameln. Wird sie bildlich dargestellt, dann folgen dem Fänger und Locker ganze Rattenkompanien nach, um ins Verderben zu gehen. Wieviel Ratten dann aufs Bild gebracht werden mögen, Hunderte, Tausende gar – die Versammlung ist nichts gegen die Rattenplage, welche die Soldaten des Weltkriegs in ihren Gräben erdulden mussten. Simultan zur Rattenplage gab es die Mäuseplage. Stellen wir diese zuerst vor. In Frage kamen Haus-, Feld- und Wühlmäuse, vereinzelt die Waldmaus, die jedoch scheuer ist und sich moderater vermehrt. In Zeiten des Nahrungsmangels, jeder Fachmann wusste das bereits, bremsen Mäuse ihre Vermehrung, um sie desto wirksamer wieder aufzunehmen, wenn die Fresszeiten sich zu ihren Gunsten verändert haben. Das war im Weltkrieg immer dann der Fall, wenn der Stellungskrieg ruhte und auch die Soldaten besser versorgt wurden als in Vormarsch- und Rückzugszeiten. Oft erledigte sich das Ratten- und Mäuseproblem „von selbst", wenn nämlich das von den Soldaten gefürchtete Trommelfeuer einsetzte und eine gegnerische Offensive die logische Folge war: Die von den Nagern okkupierten Unterstände und Gräben wurden zusammengeschossen. Zwar gab es auch unter den Tieren nie Hundert-Prozent-Verluste, aber doch solche kurz davor und das Problem war, wie gesagt, beendet.

Doch bleiben wir in der Realität. Es hat Situationen gegeben, bei denen Ratten und Mäuse die Soldaten aus den Gräben getrieben und sozusagen die Macht übernommen haben. Nichts mehr war vor ihren Nagezähnen sicher, und Totschlagungen mit Schippe, Spaten und Kommissstiefeln waren viel zu mühsam, um wirksam werden zu können. Was tun also? An der galizischen Front war das Problem so dramatisch, dass man die Bevölkerung Wiens aufforderte, ihre Katzen zeitweise dem Militär auszuleihen. Doch Katzen, jeder Katzenfreund kennt sie, sind keine Dauermäusetöter, sondern nur Mäusefresser bis sie satt sind und sie sich schlafenlegen.

Doch einen Freund des Menschen gibt es, der sich beim Totbeißen so in Rage bringt, dass er bis zur Erschöpfung bei der Sache bleibt: der Hund. Speziell unter diesen die Jagdhunde, kleine wie Terrier vor allem, und diese waren es, die vornehmlich mit den Ratten fertigwurden. Leutnant Ferdinand von Borken aus Allenstein in Ostpreußen war 1915 frisch eingezogen worden und kam nach kurzer Ausbildung, denn er war ein schießfertiger Jäger, an die litauische Front und durfte sogleich seine Sachkenntnis zur Sprache bringen:

„Kaum war ich im Stab angekommen, da kam von vorn die Meldung durch, ‚dass wir von Rattenregimentern so angegriffen werden, dass der Russe, wüsste er dies, uns sofort aus den Stellungen werfen könnte'. Ich hatte von diesen Problemen schon zu Hause gehört und Hindenburg telefonisch vorgeschlagen, ostpreußische Jagdhunde zu requirieren und gegen die Ratten einzusetzen – er hatte keine Zeit für solche Kinkerlitzchen."

Jetzt, vor Ort, schlug von Borken vor, ihn mit dem Dienstwagen nach Allenstein fahren zu lassen, damit er seine beiden Jagdterrier *Plisch* und *Plum* herholen könne.

„Diese“, versicherte er, *„werden im Handumdrehen den Ratten derart den Garaus machen, dass sie entweder abgewürgt oder zu den Russen zurückgejagt würden.“*

Vorgeschlagen – debattiert – genehmigt und getan! Es eröffnete sich nun eine Ratten- und Mäuseschlacht, welche, - das stand wohl fest -, ihresgleichen noch nicht gegeben hatte. Und es zeigte sich, dass Ratten tatsächlich vor beißwütigen Hunden mehr Respekt hatten als vor Menschen, deren Tritten, Hieben und Prügeln sie zudem leicht auszuweichen verstanden.

„Wenn Ratten“, berichtete von Borken der Zeitschrift „Wild und Hund“, *„von Hunden gebissen oder durch Degen und Bajonett aufgespießt werden, schreien sie wie kleine Kinder, die ihren Finger in die Mausefalle gesteckt haben, jedenfalls so, dass uns Hören und Sehen vergingen und wir den beiden rasenden Hunden im Morden nicht nachstanden.“*

Über einen Abschnitt der mittleren Westfront schwemmte ein Mäuse-Teppich hinweg und machte in den Gräben Station, dass die Landser glaubten, „der Feind könne nicht mehr kämpfen und schicke seine letzten Reserven nach vorne“. Ein „Mäuseteppich“ entsteht normalerweise in der freien Natur nur dann, wenn sich eine extrem starke Population von Mäusen noch dazu extrem stark vermehrt und sich dann gegenseitig wie Kannibalen aufessen oder halt auswandern muss. Aber hier hatte man einige vierbeinige Maskottchen, die sich langweilten und nun ihre wahren Fähigkeiten als geborene Raubtiere zeigen konnten:

„Daisy war ein pfiffiger Pudel“, berichtete Cornelius Wiehmann 1919 seiner Hundezeitung, *„und ist einfach bei uns geblieben, als sein Besitzer in Kriegsgefangenschaft ging, ohne sich von ihm zu verabschieden. Er war durchs Zufüttern so bequem geworden, dass ihm erst eine freche Maus ins Näschen beißen musste, bis sein Jagd- und Rachetrieb durchbrach. Dabei blieb er bequem aber angespannt auf allen Vieren stehen und wartete die vor uns flüchtenden Mäuse ab, um sie mit einem kurzen Knarren seines Schnäuzchens totzubeißen...“*
Laut Angaben Wiehmanns hat Daisy bis zum Nachmittag, als sie dringend der Ruhe bedurfte, fünfzig Mäuse totgebissen, ohne eine von ihnen aufzuessen – kein Wunder bei einem Hund, der mit Mettwurst, gekochten und gebratenen Kartoffeln und Erbsensuppe aus der Gulaschkanone verpflegt wurde. Wiehmann berichtet auch, dass er eine Zeichnung angefertigt habe, die dokumentierte, dass erlegte Ratten zur Abschreckung noch lebender an Ästen aufgehängt und von Hunden bewacht und besprungen wurden. Diese Zeichnung ist verschollen, eine rekonstruierte ist dieser Abhandlung beigefügt.

Fronthunde als Jagdgenossen

Woher hatten Soldaten, die in ruhigen Frontzeiten mit ihren Hunden auf Jagd gingen, diese Hunde? Ihre eigenen, die sie als Jagdpächter, Revierförster und Jagdinhaber zu Hause gehalten hatten, mussten sie schweren Herzens daheim lassen. Denn bei Kriegsbeginn ahnten weder Militärs noch Behörden noch der Kaiser, wie sich dieser Krieg entwickeln würde.
„Weihnachten sind wir wieder zu Hause!“

Solange würde jeder brave Hund doch warten können! Woher also stammten jene Hunde, die mit jagdberechtigten Soldaten, damals meistens Offiziere, hinter der Front auf Jagd gingen? Es waren eroberte Hunde! Feindliche Hunde! Versprengte, verlassene, welche Heimat, Haus, Hof und ihre Herrschaften verloren haben; in zerschossenen Dörfern und dem Erdboden gleichgemachten Gehöften. Da fanden die vorrückenden Soldaten kein anderes Leben als einen Hund an der Kette:
„Ich bin der Letzte im Dorf, nehmt mich mit!"
Instinktiv schien jeder Hund, auch derjenige, der in normalen Zeiten jeden Fremden verbellt oder in die Hacksen gebissen hätte, zu ahnen oder untrüglich zu erkennen, wer es gut mit ihm meinte, klangen die Worte auch deutsch, französisch oder englisch. Wer so einen Hund rettete gewann einen Freund, wie er treuer nicht sein konnte.

Im ersten Kriegswinter fiel in den stark umkämpften Vogesen soviel Schnee, dass die Versorgung der Truppen beider Seiten in Gefahr geriet. Für Schwarzwald-Revierförster Georg Bitzenhofer war das nichts Besonderes, er unterhielt zu Hause Winterfütterungen für Rot- und Rehwild und hatte seinen tüchtigen Deutsch-Drahthaar „Viktor vom Schauinsland" mit in die nahen Vogesen nehmen können. Als passionierter Waidmann wäre er in normalen Zeiten nie auf den „verworfenen" Gedanken gekommen, dieses hungrige Wild an den Fütterungen zu schießen – aber es war Krieg!
„Können Sie uns Fleisch besorgen?", fragte der besorgte Kompaniechef.
Konnte Bitzenhofer:

„Hier in der Nähe befindet sich eine ehemalige Winterfütterung fürs Rotwild“, erklärte er, „sie ist wegen der Kämpfe eingestellt worden. Ich schlage vor, sie zu reaktivieren, mit Heu und Runkelrüben zu bestücken und abzuwarten, ob das hungernde Wild zurückkommt. Wenn ja, werde ich einige Stücke schießen. Ich benötige dazu ein Gewehr mit Schalldämpfer, damit die Franzosen die Schießerei nicht hören können.“
Den Schalldämpfer für Gewehre gab es seit 1910, als er in Amerika patentiert wurde.

Nach zwei Kontrollgängen im Schutz eines bewaffneten Trupps stellten Bitzenhofer und Viktor an den Schneespuren fest, dass das Wild die Fütterung angenommen hatte. Es war wegen des Hungers recht vertraut und ließ den Jäger, aber nicht den Hund, bis auf gute Schussweite herankommen. Was nun geschah, erstaunte selbst den Jäger: Als er ein Hirschkalb des Vorjahres schoss, brach dieses wie geplant im Schuss zusammen, aber seine Kollegen, Tanten, Geschwister, Brüder, Schwestern und Eltern warfen nur die Köpfe hoch, flüchteten nicht und futterten munter in Heu und Rüben weiter. So ließ Bitzenhofer eine Weile verstreichen und schoss noch ein mittelaltes weibliches Stück. Dann zog er sich behutsam zurück.

Als Fachmann wusste er, dass Wild dann nicht den Knall der Schüsse fürchtet, wenn es sie nicht in Beziehung zum Menschen bringen kann. Die ohne Schmerzensrufe zusammenbrechenden Stücke, deren Tod den Eindruck von Ruhe und Müdigkeit erweckte, störte sie nicht. Um hier für die Zukunft das Verhältnis „Mensch zu Tier“ nicht zu beeinträchtigen, schickte er nun Viktor, der alles genau beobachtet hatte, los, damit er das Wild von der Fütterung vertreibe. Danach gingen Männer des Wachtrupps los, bargen die beiden geschossenen Stücke und sorgten im Lager dafür, dass sie den Kochtöpfen und Bratspießen der Kompanie zugeführt wurden; und Viktor wurde natürlich nicht vergessen.

Hatte der Gegner Wind von der Sache gekriegt? Um das herauszufinden patrouillierten Georg und Viktor jeden Tag zweimal die Umgebung der Wildfütterung, denn es war klar, dass der dortige Fleischvorrat erhalten bleiben musste. Da, plötzlich: Viktor erstarrte zum Denkmal und ließ ein leichtes Knurren ertönen, das Zeichen für seinen Halter, dass Gefahr im Vorfeld war. Wenn es Menschen sind, wusste Georg, würde Viktor anders reagiert haben. Also Wild? Ein wildes Schwein sogar! Georg schoss sofort mit dem Karabiner, auf dessen Knall „drüben" bei den Franzosen eine wilde Schießerei losbrach – aufgestaute Ängste entluden sich. Bei den Deutschen gab es am Abend Gulasch, Koteletts und Schnitzel, ohne irgendwelche Gedanken an Trichinen zu verschwenden. Natürlich wurde auch Viktor großzügig bedacht...

In der hügeligen Champagne Frankreichs waren Kaninchen und Hasen wohl noch vorm Menschen heimisch gewesen. Wildkaninchen leben zeitweise auch unterirdisch, Hasen stets überirdisch. Sie vertrauen ihrer Tarnung, wenn sie sich flach in Ackerfurchen oder Wiesenmulden drücken, und ihrem Hasentempo, das ein Fuchs nicht, Wölfe aber doch erreichen können. Und Jagdhunde stammen von Wölfen ab! Wenn sich die menschlichen Wölfe nach ihren Schlachten zur Ruhe setzten und ihre Gräben und Unterstände gruben, leisteten sie sowohl Hasen als auch Kaninchen Vorschub: Zwischen Stacheldrahtverhauen fühlten sich Hasen wohl, Kaninchen, mit ihre flinken Vorderpfoten selbst die besten Grabungsspezialisten, gruben in Konkurrenz mit und schufen sich Höhlen und Bauten, in denen sie ihre Jungen aufzogen.

Jeder Soldat und Krieger, der nur unregelmäßig und oft mäßig versorgt wird, bekommt dann Appetit auf Wildfleisch, wenn er es, noch lebend, vor sich sieht. Aber die genannten Tiere mit dem Karabiner erlegen? Was bleibt dann von ihnen übrig? Doch Schrotflinten und Kleinkaliber hat man in eroberten Dörfern und Gehöften so viel gefunden, dass Treibjagden abgehalten werden könnten – wenn der Feind sie erlaubte. Das tat er natürlich nicht, aber er schoss auch nicht, als Deutsch-Kurzhaar Willibald, den man in Belgien konfiziert hatte, um ihn zum Meldehund ausbilden zu lassen, aus dem Graben fetzte. Mit glühenden Wolfsaugen hatte er eine kurze Weile das Liebesspiel der Hasen, - eine Häsin wurde von drei Rammlern (männliche Hasen) - , im Niemandsland (niemands Land) verfolgt und würde nun bald einem dieser Herren zu Diensten sein müssen.

Willibald also vergaß allen Gehorsam und alle Erziehung und befand sich in zehn Sekunden hinter dem letzten Hasen und hatte diesen am Wickel, ehe er, der Hase begriff, dass heuer nicht ein Zwei- sondern ein Vierbeiner sein größter Feind war. Willibald apportierte seiner Einheit, er besaß keinen festen Herrn, den Braten und stand sogleich wieder auf der Grabenböschung – ein famoses Ziel für einen Scharfschützen. Doch statt Kugeln gab's Applaus der Gegenseite!

Was Willibald und vor allem seine Kameraden nicht wussten, leider nicht wissen konnten: Frankreichs Armee streikte! Nur punktuell, nicht auf der ganzen Linie, denn keineswegs wollten die Soldaten, dass Deutschland siegte. Als

Willibald sah, dass die Hasenkavalkade sich ihm wieder näherte, stürmte er ihr entgegen und fasste die führende Häsin im Genick, ihre zwei Verfolger machten verwundert Männchen und wurden von den Franzosen auf der Stelle erschossen und wie in Friedenszeiten wie von Treibern für den französichen Kochtopf eingesammelt.

Nur selten ging es so moderat-heiter zu. Dachshund (Dackel) Teckel war von Beruf Bauhund und spezialisiert auf Hausbesuche bei Kaninchen, Füchsen und Dachsen. Letztere hatten das Feld zwischen den Fronten längst geräumt oder waren im Trommelfeuer umgekommen, doch Kaninchen sind mehr ortstreu und machen sich wenig daraus, dass ihre Wohnorte durch Granaten umgepflügt werden. Wenn Teckel nicht gewesen wäre, hätten sich die vielen jungen Kaninchen in den Schützengräben ganz wohlgefühlt, denn irgendwie gewannen diese niedlichen Tierchen die Herzen der Soldaten; einige avancierten sogar zu Maskottchen. Doch eines nachts, als draußen zwischen den Linien die Leuchtraketen hochgingen und einiges Unheil signalisierten, da packte Teckel der Kollaps und er massakrierte alle Kaninchen, die er erwischen konnte.

Ohne dass die Front-, Melde- und Kriegshunde davon wissen konnten, ging es ihnen im Verlauf des Krieges besser als ihren vierbeinigen Kameraden zu Hause. Denn in der Heimat ging der „Hundeklau“ um! Die Städter hungerten ab 1917 infolge der alliierten Blockade und aßen Frösche, Singvögel, Brennnesseln, Löwenzahn und Steckrüben, und solche noch nicht einmal in ausreichenden Mengen. Manch einer entdeckte seine „Tierliebe“: Nachbars Hofhund in der

Pfanne, das war ein Festessen noch besser als Pferdefleisch alter Mähren und lahmer Wallache!

Hunde im Gaskrieg

Alle Ungeheuerlichkeiten und Gemeinheiten, die der Krieg bisher in den Menschen geweckt und hatte auswachsen lassen, wurden von einer Neuheit des Krieges überdeckt, welche zwar eifrig entwickelt worden war, die man aber doch zu bändigen gehofft hatte: der Gaskrieg. Aber:

„Wo Hass regiert stirbt die Vernunft!"

Natürlich litten auch alle anderen Tiere unter dem Gaskrieg, aber für viele Fronthunde, um die es hier ja geht, bahnte sich eine Katastrophe an. Die Soldaten, - nur wenige von ihnen waren Hundebesitzer -, zeigten sich betroffen und empört: Sie hatten ihre Hunde im Feuer sterben gesehen, im Graben beim Trommelfeuer, im Splitterhagel des Meldelaufs, durch eine Mine im Niemandsland – das war normaler Krieg aller Seiten und die Hunde fielen heldenhaft wie sie, die Soldaten selbst. Aber anzusehen, wie sich die unschuldigen, ungeschützten Kreaturen unter dem tückischen Gas wanden und winselnd umherkrochen – das war natürlich zuviel für einen sonst hartgesottenen Soldaten!

Doch der Mensch wird bei allem Schmerz praktisch und sehr erfinderisch: Nicht nur für die Soldaten, auch für ihre Hunde waren in kurzer Zeit Gasmasken zur Stelle. Sie halfen noch nicht für jede Gasart, denn bestimmte Arten wirkten nicht nur übers Einatmen. Einatmen! Gas für empfindliche Nasentiere wie Hunde! Welch eine Qual! An Verwesungsgeruch und Pulverdampf haben sich die meisten Hunde gewöhnen können, aber hier war die Grenze des Erträglichen erreicht.

Und dennoch: Die Grabenhunde wurden echte Gasanzeiger! Noch waberten die giftigen Schwaden nicht heran, da wurden sie unruhig, sprangen an Herrchen hoch oder stürmten einfach davon in die Etappe, wo vielleicht das andere Herrchen wartete.
„Mein Vinzenz“, schrieb ein französischer Unteroffizier nach Hause, *„bekam plötzlich große Augen, steife Ohren und geblähte Nüstern, so dass ich dachte, er litte wieder an seinen bekannten Blähungen. Inzwischen waren auch viele meiner Kameraden aus den Kasematten hervorgekommen und richteten ihre bangen Blicke nach Osten, wo sich eine grauweiße Wolkenbank aufgebaut hatte, die langsam näherrückte. Mein Vinzenz heulte auf, hustete und ehe ich ihn greifen konnte, rückte er aus und rannte wie ein Berserker in diese Wolke hinein. ‚Gas – Gas' schrien meine Kameraden und rannten schneller als Vinzenz davon, aber nach Westen zu und ich musste ihnen folgen. Ich habe meinen Hund nie wiedergesehen und werde es diesen deutschen Hunnen nie verzeihen...“*

Nach den ersten Gasangriffen wurden auf beiden Seiten Versuche eingeleitet, um Hunde auszubilden, diese Angriffe eher als ein Mensch zu erkennen. Doch es zeigte sich, dass es beinahe unmöglich war, so auszubilden.
„Entweder ein Hund ist von Natur aus ein Gasanzeiger oder er ist und wird nie ein erfolgreicher.“
Das schien sich zu bewahrheiten. Erwähnenswert ist, dass die Soldaten lernten, sich verschiedene Tierarten zu halten, wie das ja sowieso schon der Fall war, Katzen, Meerschweinchen und Kanarienvögel zum Beispiel, welche alle, so heißt es in einem Bericht, eher „anschlugen“ als die meisten Hunde. Dafür hatten die Fronthunde diesen Tieren,

die meist als Maskottchen dienten, den Vorteil voraus, am Gas nicht so rasch zu erkranken und gar zu sterben. Infanterist Karl Schneider kam in die Lage, einen Vergleich zwischen sich und Foxterrier Karlchen zu ziehen:
„Karlchen zeigte nach einiger Übung jeden Gasangriff eher an, ehe wir ihn bemerkten oder eine Meldung darüber bekamen. Während ich mich oben auf unseren Unterstand stellte, um dem am Boden hinziehenden Gas zu entgehen, blieb Karlchen allen Befehlen zum Trotz unten im Graben und tat, als ob er sich schlafenlegen wollte. Ich atmete so wenig wie möglich, er hustete zum Gotterbarmen und ich gab keinen Grabenpfifferling mehr für sein Überleben. Und die Moral von der Geschicht'? Ich kam ins Krankenhaus und war erst wieder genesen, als unser Regiment auf dem Rückmarsch schon auf deutschem Boden angekommen war und ich Karlchen putzmunter und zur beiderseitigen Freude in die Arme schließen konnte."

Es gab Gasmasken für Hunde, manchmal stülpte man ihnen normale Masken über, was wenig half und urkomisch aussah. Aus der Gegenseite sind einige Maskottchenhunde genannt, deren Herrchen beobachteten, dass sie ohne jegliche Ausbildung, - wo und wie hätte diese unter Zeitmangel stattfinden können -, das ankommende Gas einfach durch ihr besonderes, ungewöhnliche Benehmen anzeigten; sie sind unter den Namen Stubby, Rags und Jim in die amerikanische und britische Heeresgeschichte eingegangen.

Darauf hingewiesen muss in diesem Zusammhang noch, dass der Krieg von 1914 bis 1918 zum ersten Mal eine große Menge Soldaten hat erblinden lassen – ob je ein Verantwortlicher des Gaskrieges hierüber vor dem Einsatz des Gases nachgedacht hat, kann bezweifelt werden. Abertausende Soldaten versuchten nun ins normale Berufsleben zurückzukehren, und wem Gliedmaßen amputiert, ein Auge ausgeschossen und das Rückgrat gelähmt wurde, mochte sich schwertun mit neuer Beschäftigung und Arbeit. Aber ein Blinder, selbst wenn er keine Schmerzen mehr hatte und nominell als auskuriert galt, für den gab es keine normale Welt mehr. Aber man versuchte diesen Bedauernswerten zu helfen, sich wenigstens einigermaßen zurechtzufinden. Es gibt Zahlen: Durch den Einsatz von Giftgasen, Explosionen und Schussverletzungen verloren mehr als 3.000 Soldaten ihr Augenlicht auf dem Schlachtfeld. Gerhard Stalling, Geheimrat, setzte sich bereits während des Krieges für die komplizierte und aufwendige Ausbildung der Sanitätshunde zu Blindenführhunden ein. Bekannt geworden ist der kriegsblinde Soldat Paul Feyen, es existiert eine Fotografie von 1916, die ihn mit dem ersten Blindehund zeigt.

Es gab damals, und gibt es bis heute nicht, eine enge Begrenzung der Hunderassen, die als Blindenhunde besonders geeignet sind, wenn man davon absieht, dass die Schulterhöhe der Hunde ab fünfzig Zentimeter liegen sollte. Natürlich war klar, dass intelligente und gutmütige Hunde in Frage kommen sollten: Retriever, große Pudel, Deutsche Schäferhunde, Labrador und Riesenschnauzer. Auf ihre spezielle Ausbildung kann hier nicht eingegangen werden. Erste historische Nachweise über Führhunde gibt es aus dem 15. Jahrhundert, wo es in einer Bettelordnung heißt:

„Es soll in Zukunft kein Bettler einen Hund haben oder aufziehen, es sei denn, er wäre blind und brauchte ihn."

Zweihundert Jahre später gab es bereits gültige Dressurmethoden für Blindenhunde, doch derartige Weiterentwicklungen werden erst wirklich dann beschleunigt, „wenn Not am Mann ist“. Immer mehr erblindete Soldaten waren auf den Straßen des Deutschen Reiches zu sehen, die Bevölkerung, längst desillusioniert von übertriebenen Versprechungen des Kaisers und seiner Militärs, forderte Hilfe, konnte selbst ja nichts anderes tun, als Linderung zu leisten. Ein Bericht vom April 1918 vermeldet:

„Die seit Anfang November in Abrichtung stehenden Blindenhunde, darunter Rottweiler und Schäferhündinnen, führen die Blinden ganz sicher an allen Hindernissen vorüber. Sie halten beim Überschreiten einer Straße sofort an, wenn ein Fuhrwerk, Straßenbahn oder Radfahrer sich zeigt. Sie machen sofort halt, wenn eine Treppe oder Bordstein zu ersteigen ist.“

Im Großen und Ganzen ist Deutschland auf diesem Gebiet führend, aber es wird wohl kaum gelingen, allen Blinden dieser Welt einen Führhund zu geben.

Eine berühmt gewordene „Abart“ von Kriegshunden muss hier noch erwähnt werden: die belgischen Maschinengewehrhunde. Warum ausgerechnet diese kleine Armee dieses kleinen Landes hier führend geworden ist, kann nur daran liegen, dass es die deutsche Armee über alles fürchtete und keinesfalls klanglos untergehen wollte. Doch nützten all diese Versuche nichts, weil diese Hunde erstens nichts gegen die deutsche Armee ausrichten und zweitens weil die belgischen Soldaten mit ihnen nicht umgehen konnten. Zwei Hunde zogen einen gummibereiften zweirädrigen Wagen mit einem Maschinengewehr „made in germany“, ein anderer Wagen mit der Munition folgte. Militärs hatten errechnet, dass die Hundegespanne billiger kämen als Pferdegespanne. Ein Argument der Militärs war auch, dass solch ein Hundegespann deutlich weniger sichtbar sei und nicht so schnell unter Feuer genommen werden konnte. Belgien wurde fast völlig von den Deutschen überrannt, mit Ausnahme eines Teils Flanderns, wo weiterhin Widerstand geleistet wurde. Die Zivilbevölkerung gab begeistert ihre privaten Hunde her, denen es natürlich an jeder Ausbildung zum Kriegshund mangelte.

„Ich brachte meinen Liebling“, sagte eine Hundehalterin ihrer Nachbarin, *„direkt zu einem Soldaten, der morgen an die Front gehen sollte, um die Deutschen aus unserem Land zu jagen, und erklärte dem Soldaten, welche Marotten und Angewohnheiten Cäsar besaß, was er gern futterte und informierte ihn über seine Ruhezeiten bei Tag und Nacht. Ich weiß nicht, ob ich Cäsar nach dem Sieg wiedersehen werde...“*

Hier war tatsächlich alles sehr amateurhaft, mehr eine Herzensangelegenheit und kann nicht viel Bedeutendes erbracht haben. Weil es sich für unser Thema hier nicht lohnt zu berichten, wie es, - aus Hundesicht -, auf dem italienischen und mazedonischen Kriegsschauplatz ausgesehen hat, richten wir unsere Blicke nun auf die beiden hauptsächlichen Kriegsgegner Deutschlands und ihre Sanitätshunde.

Kriegshunde in Frankreich

Dieses alte Kulturland Europas hat unter dem Krieg am meisten gelitten, weil er beinahe vom ersten Tag an im eigenen Land stattfand. Es war aber auch das Land, das sich am meisten von ihm erhoffen durfte: den Erwerb von Elsass-Lothringen. Seit 1871 hat es daher unermüdlich daran gearbeitet und aufgerüstet. Aber wie engstirnig hohe Militärs beizeiten sein können, bewiesen sie selbst bis

1914: Zwar galt ihr Land als das „Hundeland Europas", zwar waren ihre Großstädte mit mehr Zucht-, Schoß-, Schmuse-, Wach-, Jagd- und Arbeitshunden besiedelt als andere Städte in Europa, zwar gab es eine hochflorierende Hundewissenschaft (Kynologie), die ihresgleichen suchte – aber ihre tapferen stolzen und siegessicheren gemeinen Soldaten und hohen Offiziere mit Kläffern und Kötern in eine Reihe zu stellen: das ging vielen Uniformierten zu weit!

Ein Zwinger speziell für Sanitätshunde wurde 1911 eröffnet, aber 1914 besaß die Armee knappe hundert Sanitätshunde, deren Ausbildung zumal nicht die beste war. Nach Ansicht der Militärs spiele die Ausbildung zu Sanitätshunden in dem Augenblick keine Rolle mehr, da der Krieg im eigenen Land zum Stellungskrieg ausgeartet war. „Sanitätshunde braucht man nur in Vorwärts- und Rückwärtsbewegungen."

So ging man dazu über, mehr Wachhunde einzusetzen, um dem Viehklau zu steuern und die Lebensmittellager besser zu bewachen. In den Vogesen brauchte man, vor allem im Winter, Transport- und Schlittenhunde, die auf den vereisten und verschneiten Pisten besser fertigwurden als Pferde und Maultiere. Pierre Miller aus dem Elsass, der perfekt deutsch sprach und sich darum in deutscher Kriegsgefangenschaft gut zurechtfand, kam in diese durch den Leichtsinn seiner Vorgesetzten. Er berichtete seinem neuen Arbeitgeber, einem Bauern im westfälischen Tecklenburger Land:

„Es war tiefer Winter 1916 am Hartmannsweiler Kopf der Vogesen. Unsere Soldaten vorne hungerten und froren so, dass unser Kommandant beschloss, sie mit einem sechsspännigen Hundeschlitten zu versorgen. Ich führte den

Schlitten, weil die nicht fertig ausgebildeten Hunde, eine Rassenmischung zwischen nordischen Huskys und Bernhardinern wahrscheinlich, nur auf mich hörten und wegen langer Ruhepausen ungeduldig waren. Wir preschten los, dass der Schnee beim Bergabfahren stäubte und uns, außer mir drei bewaffnete abgesessene Kavalleristen, die Sicht nach vorne nahm.

Wir wussten nicht, dass eine deutsche Patrouille uns beobachtete. Zehn Mann auf Skiern standen plötzlich vor uns. Meine Kavalleristen waren wie vom Schnee verschluckt verschwunden, ohne einen Schuss abzugeben, und auch ich schoss natürlich nicht. Ein deutscher Leutnant winkte zur Weiterfahrt „hinter unserer Stellung", wo ich gefangen genommen und meine geliebten Hunde los wurde. Diese wechselten nahtlos zu den Deutschen über, die sie zu Kabelleger-Hunden abrichteten. Und wenn sie nicht gefallen sind..."

Nachdem deutsche Scharfschützen in den Vogesen den Franzosen sämtliche Nachrichten- und Sanitäshunde weggeschossen hatten, erlosch an dieser Front das französische Interesse an Kriegshunden. Inzwischen hatte die französische Bürokratie eingesehen, wohl durch ihr bekanntgewordene deutsche Schilderungen der Erfolge durch Kriegshunde und in der Erkenntnis, dass der amerikanische Kriegseintritt noch auf sich warten ließ, nun doch vermehrt auf die Hilfe der Vierbeiner zu setzen. Deutsche Illustrierte meldeten in Wort und Bild, „dass unsere Sanitätshunde bei ihrer Suche keinen Unterschied zwischen Freund und Feind machten und deutsche Hundeführer dies auch nicht täten". 1917 durften Pariser Tierheime endlich ihre überzähligen, aber nicht ausgebildeten Hunde an die Armee abgeben. Das waren etwa 3.000 Vierbeiner, die noch abgerichtet werden mussten.

Die beiden französischen Offiziere René Haas und Louis Moufflet holten sich 400 Schlittenhunde aus Alaska und Labrador herüber, die bis 1918 in den Vogesen zum Einsatz kamen und beträchtlich zur Versorgung der Truppe im Winter beitrugen.

Kriegshunde in Großbritannien

Als der Krieg ausbrach, soll Großbritannien nur einen Hund zur Verfügung gehabt haben, der als Kriegshund in Frage kommen konnte. Gemäß britischer Bündnistreue ging er sofort nach Frankreich und fiel dort. Ein Colonel namens Richardson erkannte rasch die Bedeutung von Kriegshunden, musste aber erst wie alle seine Kollegen Schwierigkeiten aus dem Weg räumen, um bockige Militärs vom Nutzen der Vierbeiner zu überzeugen. Auch hier waren es wieder die deutschen Erfolgsmeldungen über den Hundeeinsatz und die geringeren Verlustlisten über Meldeläufer, welche mithalfen zu erkennen, dass ein Hund billiger kommt als ein ausgebildeter Soldat. So wurde es aber trotzdem 1916, bis auf englischer Seite die erste Hunde-Träiningsschule entstanden war.

An Hunden war auf der Insel nie ein Mangel gewesen. Sie war bekannt als Veranstalterin riesiger Jagden querfeldein mit Hundemeuten und Pferden dem Wild nach. Und weil die Bevölkerung der Insel infolge der deutschen U-Boot-Blockade ein wenig hungerte, waren viele Hundebesitzer bereit, auf ihre Lieblinge zu verzichten und sie den Tierheimen als Sammelstelle zu übergeben. Auch besaßen britische Hundehalter und Hundebesitzer offentsichtlich ein überdimensional ausgeprägtes patriotisches Gefühl –

denn innerhalb weniger Tage standen standen mehr als 7.000 Hunde zur Verfügung. Einige wurden mit echt britisch-unterkühlten Kommentaren abgegeben:
„Mein Mann musste in den Krieg gehen, mein Sohn musste in diesen Krieg gehen. Bitte nehmen Sie meinen Hund auch, um diesen schrecklichen Krieg zu Ende zu bringen."
Ein kleines Mädchen fügte ihrem Hund einen Brief bei:
„Wir ließen Paps gehen, um gegen den Kaiser zu kämpfen, nun schicken wir Jack, damit er sein Bisschen tut."

Am originellsten äußerte sich *Mrs. Ann Kruger* (Name geändert!) in einem Brief und Angebot an Edwin Richardson:
„Dear Sir, seit hundert Jahren züchte ich King of the terriers und habe nun 50 Stück für unsere Armee abzugeben. Ich habe sie auf the Kaiser's arse scharf gemacht und wünsche, dass sie nach Berlin abgehen und Willi the Kaiser in the arse beißen, than we will winn this damned Krieg."

Maskottchen im Weltkrieg

„Maskottchen." Unter diesem Stichwort sagt ein Lexikon schlicht: *„Für glücksbringend gehaltener Talisman."* Dasselbe Lexikon sagt hierüber: *„arabisch Gegenstand, der gegen Schäden und Bezauberung schützen und Glück bringen soll."*
„Gegen Schäden schützen – Glück bringen!" Kann sich ein Grabensoldat des Krieges etwas Sinnvolleres wünschen? Und so billig dazu!

Hunde als Maskottchen bei der Infanterie. Würde man alle Berichte, Erzählungen und Bilder darüber sammeln, einordnen und verarbeiten, es gäbe ein separates und umfangreiches Buch ab. So kann über dieses Thema hier nur das Interessanteste, Glaubwürdigste und Spannendste veröffentlicht werden. Grabenkrieg, Stellungskrieg, Bunkerkrieg, Bauernhaus- und Hochhäuserkampf, Angriffs- und Verteidigungskrieg, endlos lange Fahrten auf Großkampfschiffen und in U-Booten, tagelange Märsche, Dienst in der Etappe und bei den Stäben: Zeit ist oft genug vorhanden, nichts Dramatisches will geschehen, Langeweile breitet sich aus und Kameraden wie Vorgesetzte und Untergebene „stehen einem bis zum Hals“ – da wird die Sehnsucht übergroß nach einem Wesen, dem man sich anvertrauen kann, das selbst Vertrauen erwartet, rückhaltlos und ohne Hintergedanken: ein Hund als Maskottchen! Hunde als Unterhalter! Nicht als Kämpfer. Der Hund als Kamerad. Freund Hund! Der Hund als Glücksbringer.

Unterschiedliche Lebensformen tun sich für diese Hunde auf. Mögen sie zu Hause in einem ordentlichen Haushalt untergekommen, dort gar die Hauptperson gewesen oder kurzgehalten worden sein, sollten sie aus Polizei- oder Militärdiensten stammen und die grenzenlosen Freiheiten von Jagderlebnissen kennengelernt haben – jetzt im Krieg ist alles anders geworden. Die Großstädte der kriegführenden Nationen wimmelten 1914 von Hof-, Wach-, Dienst-, Arbeits- und Lieblingshunden, ein Zustand, wie er erst wieder nach dem zweiten Krieg eingetreten ist.

Hauptmann der Reserve und Oberförster in der Eifel Wolfgang Krieger hat als Jagdhundhalter in den „drohenden“ Monaten und Wochen des Sommers 1914 eine größere Abhandlung über „Hunde im Krieg“ verfasst, um sie in

„Wild und Hund“ zu veröffentlichen; „daraus ist aus Kriegsgründen nichts geworden“. Das Hauptthema war, dass Hunde in kommenden Kriegen nichts mehr zu suchen haben würden „und hübsch zu Hause bleiben sollten“.
„Sie zogen mit Alexander, Hannibal, Cäsar, Marc Aurel, Karl dem Großen und weiteren Kriegsgrößen ins Feld und kämpften mit, als wüssten sie, um was es ging. Dem großen Preußenkönig waren sie zu kostbar, er ließ sie zu Hause. Es gibt keine Schlacht, die von Hunden entschieden worden ist. Und jetzt? Die Kriegstechnik ist soweit fortgeschritten, dass selbst der Kampf Mann gegen Mann, - einst das Nonplusultra des Kriegers -, bald der Vergangenheit angehören wird. Lassen wir also unsere Hunde zu Hause und freuen wir uns im Friedens- und Überlebensfall aufs Wiedersehen!“
Da kann man nur kommentieren: „Errare humanum est!“

So zogen sie denn mit. Nicht von allen Vorgesetzten gern gesehen – vorerst! Doch Dienstvorschriften waren zu allen Zeiten da, um nicht eingehalten zu werden. Und wir haben im Vorigen erfahren, dass Hund und Soldat zusammengehören können wie Pech und Schwefel. Sie zogen mit in die Bunker, Gräben, Verhacke, Verhaue, Verschanzungen, Dienststellen, auf Schiffe, in Flugzeuge und Panzer. Geduldet schließlich von früher strengen Vorgesetzten, welche bald erfahren mussten, dass auch der raueste Soldat ein Gegenstück zum Schießen und Töten haben muss. Schließlich soll ja jeder Soldat nicht als Unmensch in die bürgerliche Gesellschaft zurückkehren.
„Schon stets und immer haben Tiere“, sagte derzeit ein Kompaniechef, der im Zivilberuf Inspektor eines großen zoologischen Gartens war, *„haben Tiere aller Art, von A*

wie Affe bis Z wie Zebra, Menschen zum Guten beeinflussen können, wie es in Gefängnissen und Zuchthäusern konkret beobachtet werden konnte. Und unsere Soldaten hier an der Front und in anderen Kriegsgebieten sind so etwas wie Gefängnisinsassen oder Zuchthäusler, je nach Rang, dazu den Frauen mehr entwöhnt als mittelalterliche Mönche, und da kommen ihnen vierbeinige Schmusetiere gerade recht."

Und schon immer oder immer schon haben Landsknechte, Söldner und Soldaten ihre tierischen Lieblinge mit ins Feld genommen oder dort einige erworben oder aufgegriffen, aber bei Kampfhandlungen mussten sie hinten bleiben. Noch im Krieg von 1870 und 1871 zogen ja die Heere solange hin und her, bis sie sich trafen, sozusagen im Weg standen und die Schlacht unausweichlich geworden war. Der Weltkrieg jedoch artet aus: Fronten entstehen, die so genannten eigenen Linien, welche mit den gegnerischen mehr oder weniger parallel verlaufen.

Das hat keiner der klugen Feldherren gewollt oder je vorausgesehen! Der Aufenthalt in den entstandenen Stellungen konnte lange dauern, wie die Erfahrung zeigte, darum sind die mannstiefen Gräben und meterweise in die Erde getriebenen Unterstände ausgebaut worden. Da hocken sie nun, Soldaten wie Maskottchen, vertreiben sich gegenseitig die Zeit oder warten auf eigene oder feindliche Angriffe. Manche Maskottchen machen Angriffe mit, zum Beispiel angefreundete Waldmäuse, die man in die Tasche stecken kann, größere müssen natürlich zurückbleiben. Viele, die mit Flugzeugen oder Schiffen unterwegs waren, gehen im Ernstfall mit ihren Herrchen verloren.

In der Rangliste der Maskottchen nimmt der Hund selbstverständlich die erste Stelle ein, wie er ja auch sonst im Leben des Menschen Freund Nummer Eins ist. Stellen wir einmal kurz den Unterschied zwischen „Diensthund“ und Zeitvertreib-Hund heraus: Ersterer war stets ausgebildet und an den Radau einer Schlacht gewöhnt worden. Der andere kam irgendwoher, im günstigsten Fall von zu Hause oder hatte schon einmal im Wald einen Gewehrschuss vernommen. Wir reden hier von zwei Hunden, die sich im engen Umfeld jener Riesenkanonen aufhielten, die aus über fünfzig Kilometer Entfernung Paris beschossen – kein großer militärischer Erfolg dabei, aber geeignet, die Bevölkerung der französischen Hauptstadt zu schockieren.

Schäferhundrüde Ditters von Dittersstadt und sein Führer Karl-Siegbert Große-Tenhumberg gehörten zur Wachmannschaft des Eisenbahngeschützes und drehten bis kurz vor drei Uhr nachmittags ihre Wachrunde, während Geschützmaskottchen Fridolin, halb Terrier halb Pinscher, den Soldaten um die Füße wuselte und nicht verstand, dass niemand für ihn Verständnis hatte, jetzt, wo eine Dienstpause anstand. Zwar schauten einige freundliche Soldaten besorgt auf Ditters und Fridolin, die je weder Oropax trugen noch sich die Ohren zuhalten konnten – wie es die Dienstvorschrift für Kanoniere bestimmte. Siegbert Tenhumberg hielt seinen Rundgang an und Ditters fest an der Führhand, als um Punkt drei Uhr die Reißleine gezogen wurde und der Schlund der Hölle sich öffnete. Er berichtete später:

„Ich war sicher, dass die vier Hundetrommelfelle nach innen ins Gehirn getrieben oder die Ohrteile Hörschnecke, Bogengänge, Hammer, Amboss und Paukenhöhle im- oder explodieren und die Tiere daran sterben würden. Nichts

davon! Obwohl meine Ohren trotz des Hörschutzes dröhnten wie maltretierte Pauken im Orchester und der innerliche Nachhall im Gehirn allmählich verklang, zuckte mein Ditters nur kurz zusammen, bellte empört und schaute mich konsterniert an. Fridolin, der näher am Explosionsort gestanden hatte, machte kläffend ein paar Bocksprünge ähnlich jenen, wenn er die bösen Pferdebremsen Frankreichs mit den Zähnen packen wollte. Rundum waren alle natürlichen Kammersänger wie Nachtigallen, Rotkehlchen und Grasmücken nur dreißig Sekunden verstummt, dann setzte ihr Konzert wieder ein...“

Landwirt Christian Vortlage, der seine heimische bäuerliche Hofarbeit zugunsten der Vaterlandsverteidigung aufgegeben hatte, sah den Urknall dieser Kanone mit seinen Augen:
„Zu Hause sollte man auf jedem der ländlichen Höfe einmal im Monat solch ein Theater aufziehen – dann würden alle Ratten und Mäuse entweder am Hörsturz krepieren oder für immer auswandern.“
Andere Artilleristen, welche weniger schwere Kaliber bedienten, schrieben dem „Kosmos“ und ihren Hundezeitschriften ähnliche Berichte:
„Es genügten unseren Maskottchen, oft je Geschütz ein Hund aus den besetzten Gebieten und Mischlinge jeder Coleur, ein oder zwei Abschüsse, und sofort hatten sie begriffen, dass dies hier normaler Alltag war und ihre Herrchen dabei lachten und sich Scherzworte wie ‚für dich, Tommi‘ oder ‚Grüße nach Paris‘ zuwarfen.“

Wie wenig Tiere von Tod und Sterben wissen, konnte Adolf von Ernsthausen auf dem mazedonischen Kriegsschauplatz miterleben:

„Die feindlichen Granaten sausten haarscharf über unsere Köpfe hinweg und zersprangen etwa fünfzig Meter hinter unseren Zelten. Das schien unserem serbischen Hund Bobbi ein eigens für ihn veranstaltetes Spiel zu sein, denn mit wütendem Gekläff rannte er immer mitten in die Einschläge hinein. Und von allen diesen Attacken kehrte Bobbi stolz und siegesbewusst zu uns zurück. Ihm diese Kinderei abzugewöhnen gab es nur ein Mittel, das Hundebesitzer sich merken sollten: Kein verbales Lob, keine sonst gewohnten Streicheleinheiten – da erlosch Bobbis Interesse für Einschläge und sirrende Granatsplitter."

Nicht alle „feindlichen" Hunde, die in den besetzten Gebieten von den Soldaten aufgegriffen wurden, hatten vorher ein freudvolles Leben geführt, einige kamen nie von der Kette los, welche an ihrer Hütte festgemacht worden war. Solch ein Hundedasein machte sie zu falschen Kläffern, lauten Bellern und vermittelte ihnen ein unkompetentes Bild des Menschen. Da kamen plötzlich diese fremden Leute auf den Hof, redeten unverständliche, aber wohlklingende und Vertrauen aufbauende Worte und wussten, dass alleingelassene Hunde in erster Linie an Hunger und Durst litten. Da brauchte es meist nicht mehr, dass diese Hunde den Truppen folgten und nicht im Dorf oder an Ort und Stelle blieben. So ein nun glücklicher Hund war Hektor, über den Augenzeuge Hans von Hasenclever von der Ostfront berichtet:

„Hektor war vom ersten Übertritt zu uns der geborene Soldaten- und Jagdhund. Wo die Zeit es eben erlaubte, gingen wir zur Jagd. Der famose stichelhaarige Rüde besaß eine ausgezeichnete Nase, kein geflügeltes Huhn ging ihm verloren. Vorstehen und Nachziehen stempelten ihn zu einem erstklassigen Feldhund. Munter und treulich teilte er

alle Strapazen mit uns, bei Gefechten verirrte er sich manchmal und schloss sich schlau wie er war einem anderen Truppenteil an. Bald wanderte er mit der Infanterie, dann saß er auf der Protze eines fahrenden Geschützes. So wurde Hektor bei der Divison bekannt und immer bekamen wir ihn unversehrt zurück."

Der Autor lässt sich noch eine Briefseite lang darüber aus, wie das Wiedersehen stattfand. Hektor kannte jeden Soldaten der Kompanie wieder und suchte minutenlang nach fehlenden, die entweder gefallen oder verwundet worden waren. Und von jedem Soldaten nahm er eine kleine Gabe der Wiedersehensfreude an: ein gekochtes Ei, Leibniz-Kekse, Wurstzipfel, Pfannkuchen, Gulasch aus der gleichnamigen Kanone und einen Schluck Bier aus der Flasche. Doch irgendwo und irgendwann ist auch dieser prächtige Hund der Welt abhanden gekommen...

Woher hatten die Soldaten ihre Maskottchen-Hunde? Offiziell waren nur Gebrauchshunde erlaubt, die auch von zu Hause mitgebracht werden durften. Nun, es waren meistens „feindliche" Hunde, eroberte, versprengte. In den zerschossenen Dörfern Frankreichs, Polens und Russlands war manchmal kein Leben mehr außer einem: Ein Hund an der Kette, vergessen, absichtlich zurückgelassen, immer an der Kette rasselnd und heulend:
„Ich bin der Letzte im Dorf – nehmt mich mit!"

Zurückgelassen wurde auch Robbi, ein französischer Langhaardackel und eigentlich einer der zahlreichen Hunde, die der Krieg in Frankreich um Heimat, Kollegen, Herrchen und sonstigen freundlichen Anhang gebracht hatte. Da kamen diese Deutschen ins Dorf, durchsuchten die Häuser nach Feinden und Essbarem, denn es schien doch unmöglich zu sein, dass jedes Baguett, jeder Camembert und alle Flaschen Wein von den Flüchtlingen mitgenommen worden seien. Da, nach einer von deutschen Stiefeln eingetretenen Zimmertür fand sich Robbi, der einen Zettel am Halsband trug, dessen Worte in Übersetzung so lauteten:

„Lieber deutscher Soldat, ich konnte meinen Robbi nicht mitnehmen. Sei ihm ein netter neuer Herr...“

Ein solcher wurde Heinz Krakowiak aus Gelsenkirchen, der sich „in diesem doofen Krieg“ schon lange ein Maskottchen gewünscht hatte. So machte Robbi mit seiner Kompanie manchen Marsch mit, bei dem er meistens die doppelte Strecke zurücklegte, weil er vorpreschte, zurückblieb und dann wieder aufschließen musste. Beim Essenfassen erhielt er ein eigenes Kochgeschirr, in das sein schmaler Kopf genau hineinpasste, und er schien ein mehr germanischer als romanischer Feinschmecker zu sein, weil ihm die deutschen Militärsuppen aus Bohnen, Linsen und Erbsen, verdickt mit Mettwurst, über alles gut schmeckten.

Dann, nach einem Dreistundenmarsch, den Robbi auf dem Tornister Krakowiaks bewältigte, näherte sich die Kompanie der Hauptkampflinie von hinten. Und schon schlugen die ersten Granaten ein. Robbi erwies sich als nicht schussfest, gewöhnte sich auch nie daran, so dass er an die Leine musste. Im Unterstand, berichtete Krakowiak, machte er bei heftiger Kanonade dasselbe bedenkliche Gesicht wie die Soldaten ringsum. Es schien den Soldaten klarzusein, dass er bei nächstbester oder schlechter Gelegenheit das Weite suchen würde.

Soweit kam es dann aber nicht. Plötzlich, wie aus ihren eignen Kanonen geschossen, waren Engländer und Franzo-

sen in die Stellung eingebrochen und begannen die Gräben aufzurollen – Widerstand war zwecklos, dachten viele deutsche Soldaten in diesem September 1918! Robbi benahm sich tatsächlich, als sei er befreit worden, doch dann berichtet Heinz Krakowiak diese Kriegsromanze zu Ende:
„Robbi war wohl vermisst, jedenfalls sehr von uns, denn er war uns ans Herz gewachsen in der Zeit. Doch plötzlich neben unserer Aufstellung zum Marsch in die Gefangenschaft großes Geheul Robbis, ein Tanz seiner fliegenden Dackelohren, Raserei in seine vier kurzen Dackelbeinchen und er sprang einem französischen Soldaten an den Bauch, der ihn sogleich festklammerte und in Freudenschreie ausbrach...“
Ja, Robbi hatte sein früheres Herrchen wiedergefunden! Ein Kriegswunder das, zudem Robbi bald darauf ein Bein abgeschossen und auch sein Herrchen ein Stück Blei verpasst bekam – so durften sie nebeneinander im Lazarett liegend ihre Kriegsverwundungen auskurieren.

Das Verhältnis zwischen Herr und Hund im Kampfgebiet war wohl inniger als daheim in normalen Zeiten. Es scheint, als hätten viele Hunde über das Risiko des Krieges einigermaßen Bescheid gewusst; so jedenfalls äußerten sich Zeitzeugen. Die Soldaten beginnen ihrerseits, den Hunden in vielen Situationen zu vertrauen: als Gefahrenanzeiger. Anfliegende Flugzeuge, anrollende Tanks, - wie Panzer damals hießen -, heranrauschende Granaten, das schon erwähnte anschleichende Gas, anrobbende Gegner und flüsternde Feinde im Hinterhalt wurden von Hunden entdeckt, bemerkt, angezeigt und entsprechend vermeldet. Auch intern gab es Besonderheiten:

„Lumpi", berichtet Thomas Mallingrot von seinem Rottweiler, *„war eine Ausgeburt fröhlicher Kameradschaft im nächtlichen Graben. Aber auch Spitzbuben, wie überall auf der Erde, gab es unter uns, und damit auch Kameradendiebstahl. Da wollte doch einer in stiller Mondnacht einen Griff in meine am Haken aufgehängte Jacke tun, wo eine angebissene Mettwurst für Lumpi drinsteckte, als dieser ohne Murren und Knurren seinen starken Rachen in den Arm des Diebes klemmte, dass diesem ein echter Grabentod besser dünkte als hier zu verkümmern. Erst mein Kommando an Lumpi befreite ihn aus der Klemmzange..."*

Manche Soldaten, die den Krieg in voller Länge mitmachten, so Robert Hohlbaum, besaßen im Lauf der Zeit mehrere Hunde, denn war der erste verlorengegangen, musste ein neuer her. Nie wussten die Soldaten, wen sie sich eingehandelt hatten: einen Angst- beziehungsweise Etappenhasen oder einen Berserker:

„Schnauzer Peter vertrug das Schießen nicht. Bei der ersten Detonation ‚machte er sich in die Hose', verkroch sich in der Kaverne und kam in den Pausen dann zu uns und bat, Männchen machend, ums Aufhören. So wurde er in die Etappe versetzt."

Die Geschichte von Foxterrier Seppl zeigt, welche tierischen Zustände damals an den Fronten herrschen konnten; auch dort, wo es für die Beteiligten nichts zu lachen gab:

„Der stichelhaarige Foxl Seppl hatte starke Nerven, vertrug das Schießen und war Junggeselle. Bei Flitsch, vor der großen Durchbruchsschlacht konnte er noch mit der ausgedehnten Mischlingsfamilie Verkehr pflegen, die damals den ganzen Abschnitt von Krn bis Rombon bevölkerte. Seine Mutter war Österreicherin, eine mutige Hundefrau,

die in der Infanterielinie hauste, nur fünfundzwanzig Schritt von den italienischen Soldaten entfernt.“

Foxterriermischling Ici ist als Löwe von Cambrai in die Geschichte der Maskottchen eingegangen. Er begleitete seinen Herrn quer durch Europa von Ostpreußen nach Frankreich, war ein großer Pferdefreund und Hasser aller Franzosen in Uniform oder in Zivil. Begegnete er ihnen, zum Beispiel bei einer Aufklärungsfahrt in Herrchens Automobil, dann begann er wütend zu bellen und hasserfüllt zu knurren. Sein Fahrer Hermann Kottmeier berichtet von einem Abenteuer, das für beide hätte schlecht ausgehen können:

„Ich folgte als Ordonnanz unseres Oberst den letzten vorgehenden Truppen mit dem Automobil, dessen Rücksitz ganz von Ici eingenommen wurde, so dass mein Bursche kaum wusste, wohin er sich drücken sollte. Als wir wegen der Fußtruppen ganz langsam fahren mussten, sprang Ici mit einem Riesensatz aus dem Auto und fuhr in voller Fahrt in den Straßengraben. Von dort erscholl sogleich ein spitzer Schrei wie einer des Todes, doch war's harmloser da unten. Ici war einem französischen Soldaten, der sich dort versteckt hatte und uns vorüberlassen wollte, auf den Rücken gesprungen und zerrte ihn am Kragen, dass die Hemdenfetzen flogen...“

Der Ärmste sagte dann aus, „lieber von einer deutschen Kugel zerfetzt zu werden als von einem deutschen Hund“ – Ici war ein französischer Beutehund!

Schäferhund Rano war mit seiner Einheit von der Ostfront nach Flandern verlegt worden, zusammen mit vielen anderen Maskottchen unbekannter Herkunft, die jedoch alle im Moloch der Schlachten untergegangen sind – nur er ist geblieben. Obwohl er zeitweise ein Doppelleben als Meldehund führen musste. Augenzeuge Friedrich Wilhelm Heinz berichtet über seine enorme Kaltblütigkeit im Trommelfeuer:

„Rano, dessen Name noch an das galizische Nest erinnert, lag an der jenseitigen Grabenwand des flachen Stellungsabschnittes und beobachtete uns. Während jedesmal, wenn unmittelbar vor oder hinter uns mit berstendem Krach die Erdfontänen schwarz und qualmig aus dem Boden stiegen, unser geballter Menschenklumpen zusammenzuckte, als sei ein einziger Nerv angeschlagen worden, standen Ranos Ohren bewegungslos starr und wie mit äußerster Wachsamkeit lauschend empor. Seine Lider hielten dem Luftdruck stand, der bei jedem Einschlag wie eine Faust in den Graben hieb und uns zusammendrückte."

Fips nahm im August und September 1914 an den masurischen Kämpfen gegen die Russen teil und wurde im November vermisst. Das hieß so gut wie verloren. Aber nein: Im Dezember kratzte und rumorte etwas vor Herrchens Hütte – es war Fips, der heimkehrte. Von den Russen her, wie sich zeigte, denn er trug ihre Marke. So war er ihnen wohl bei passender Gelegenheit ausgebüxt, voller Sehnsucht nach seinem Herrn.

Über einen berühmten Hund der Westfront, dessen englischen Namen man nicht kannte, der aber über seinen neuen Namen „Treu" bekanntgeworden ist, müssen wir noch einige Zeilen schreiben. Diese Geschichte ist dramatisch genug, um der Nachwelt erhalten zu bleiben, zumal der Name Treu auch Programm zu sein scheint.

Wie der britische Major, über dessen Leichnam der Hund stand, ihn früher gerufen haben mag, ist wie gesagt

nicht bekannt. Der deutsche Augenzeuge Maximilian Böttcher, selbst Jäger und Hundekenner, sieht diese makabre Szene vor sich und ist entschlossen, sie zu lösen:
„Der Hund tat unmissverständlich kund, dass er niemanden an seinen gefallenen Herrn herankommen lassen würde, er knurrte und fletschte die Zähne. Aber ich beschloss, mir Angst und Sorge nicht anmerken zu lassen und wusste als Hundefachmann, dass gezeigter Mut und praktizierte echte und große Entschlossenheit auch bei unerschrocken erscheinenden Hunden Eindruck macht. Ich nahm ihn mit festem Griff beim Halsband."
Sofort ging das Geheul des Hundes unter seinen Händen in ein menschlich klingendes Wimmern über, und die großen Augen blickten Böttcher forschend an, was für ein Kerl er wohl sei, sie heischten, schien es ihm, nach Trost und Hilfe und der faltige Kopf schmiegte sich an seine Knie. Doch Böttcher wusste auch, dass er nur vorerst gewonnen hatte, denn ein gut abgerichteter Hund vergisst seinen Herrn längere Zeit nicht wie ein so im Haushalt mitlaufender. Das zeigte sich, als Treu in der Nacht nach seiner Gefangennahme ausgerissen zu sein schien. „Er ist auf der Suche nach seinem Herrn", dachte man und hatte Verständnis für ihn. Dieser war schon beigesetzt worden. Und genau auf dem Grabhügel, unter dem der Major ruhte, lag auch Treu und schien ewige Wache halten so wollen.

Lange Wochen im Dienst des neuen Herrn vergingen, bis Böttcher sicher sein konnte, dass Treu ihn vollkommen als Ersatz akzeptiert hatte. Erst da zeigte er seine Fähigkeiten als Patrouillenhund, obwohl er eigentlich nur als Maskottchen dienen sollte. Er führte einen Trupp Soldaten durch so schwieriges Moorgelände, dass sie ohne ihn am Rand des Scheiterns und Untergehens gestanden hätten. Es zeigte sich in eindeutiger Weise, dass Treu mit seinem neuen Herrn einen Volltreffer gelandet hatte – und umgekehrt natürlich auch! Es ist noch anzumerken, dass Treu seinem neuen Herrn einmal das Leben rettete, als dieser in der Kälte zu erstarren drohte.

Für die US-Army, die erst 1917 in den Krieg gegen das Deutsche Reich eintrat, war Terriermischling Rag der Hund aller Hunde, sozusagen hoch 3 gerechnet. Als Mischling verkörperte er in sich Freiheitsdrang und Gradlinigkeit und sein Herr Sergeant Donovan urteilte über ihn, „nicht ich habe ihn gefunden, er hat mich gefunden“. Rag war ja als Maskottchen überhaupt nicht ausgebildet worden, und doch wurde er einer der fähigsten Kriegshunde der Vereinigten Staaten. Er war lange nach dem Krieg noch unvergessen, so dass Autor Jack Rohan 1930 sein Buch „Rags, the Story of the Dog Who Went to War“ veröffentlichen konnte.

Hier lernen wir ein Verhältnis „Herr zu Hund“ kennen, wie es intensiver und effektiver kaum vorzustellen ist. Rags Einheit war das 7. Artillerie-Regiment der 1. Division, die an die hartumkämpfte Aisne-Front verlegt wurde. Je näher die Truppen sich der Front näherten, die von deutscher Artillerie heftig „beharkt“ wurde, desto mehr fürchtete sich Rag und jeder andere Hund ohne so innige Bindung an den Herrn hätte kehrtgemacht und wäre entflohen. Der äußerst gelehrige Rag schaute nur auf Donovan und machte alles nach: hinlegen, Deckung nehmen, Kopf an den Boden, aufspringen und vorgehen, wieder hinlegen, frei nach dem alten Hundemotto: „Was Herrchen tut ist wohlgetan.“

Was Soldatenohren nur selten wahrnehmen: das „Heranrauschen ‚dicker Brocken'", also der schweren Kaliber, ehe diese einschlagen. Für Tierohren, man kannte das auch von Pferden, sind sie Sekunden vorm Einschlag vernehmbar. Und so kam es, dass Rag eher in Deckung ging als seine zweibeinigen Kameraden, und diese sich nach ihm zu richten begannen.

„Rag ist ein richtiger Frühwarn-Hund", sagte Donovan seinen Vorgesetzten, die ganz und gar gegen die Anwesenheit privater Hunde in der Armee eingestellt waren. Obwohl der Krieg schon drei Jahre währte und das Funksystem sich in dieser Zeit verbessert hatte, außerdem die Amerikaner sich rühmten, „bestens" gegen Germany ausgerüstet zu sein, gab es 1917 noch das Verlegen von Telefonkabeln von den Stäben zur vorderen Front und umgekehrt. Wie 1914 auch schon: Die Kabel wurden durch Beschuss unterbrochen, zweibeinige Meldeläufer mussten her, die amerikanischen Soldaten waren hierin ungeübt und wollten sich „so kurz vorm Sieg" nur ungern abschießen lassen. Also durchlief Rag noch eine Ausbildung zum Meldehund und bewährte sich auch in diesem militärischen Spezialfach.

Im übrigen blieb Rag der Stromer, der ihm angeboren war – gerade das liebten die amerikanischen Soldaten, welche in den Augen ihrer europäischen Soldatenkollegen auch nicht das Sinnbild von Disziplin darstellten. Rag fand Zeit und Gelegenheit, seinen Erzfeinden, den Maskottchen-Katzen der Einheiten nachzustellen, in seinem Drang nach Freiheit und Unabhängigkeit verweigerte er die Gasmasken. Zwar war Donvan nach wie vor sein Herr, aber dieser Sicherheit bietende Zustand war für Rag kein Anlass, wechselnde Beziehungen zu anderen Soldaten und Truppenteilen zu verweigern.

So freundete er sich einer Mannschaft an, die für Beobachtungs-Ballons zuständig war. Dieser „Job“ war zwar sehr interessant, aber auch eine Vorstufe zum Nichtüberleben des Krieges. Rag untersuchte und beschnüffelte interessiert den Balloninhalt und entdeckte natürlich die Lebensmittelvorräte in ihm. Kurzentschlossen nahmen ihn die beiden Ballonfahrer mit in die Luft. Doch diese wurde plötzlich bleihaltig: Deutsche Fokker-Flugzeuge tauchten auf und schossen, da gab's kein Entkommen. Einer der Männer schnappte sich Rag und zwei Fallschirme mit zwei Männern und einem Hund besetzt schwebten langsam zu Boden. Der Härte des ausgehenden Krieges entsprechend wurden sie bis zuletzt beschossen. Rag besaß die Frechheit, die deutschen Flugzeuge wütend anzubellen.

Rags weiterer Lebenslauf füllt in seiner Biografie Rohans noch viele Abenteuer-Seiten, die wir hier nicht ausbreiten können. In der letzten Kriegszeit wurden sowohl Donovan als auch Rag verwundet, Donovan am Bein und Rag an Ohr und Pfote, außerdem erlitten beide eine Gasvergiftung. Rag wurde von Nonnen gesundgepflegt, Donovan laborierte bei Kriegsende noch immer an seiner Verwundung...

Rag war nicht der einzige „Amerikaner“, der durch den Weltkrieg berühmt geworden ist. Sein Mitbewerber um die Gunst des normalen, gemütvollen Amerikaners ist Stubby, genauer gesagt Sergeant Stubby, noch genauer beschrieben als Bullterrier-Mischling oder Boston-Terrier. Er war ein Abbild amerikanischer Gemütlichkeit. Sein Geburtsjahr kann 1916 oder 1917 gewesen sein, gestorben ist er am 16.

März 1926. Alles spricht für 1916, denn 1917 war Stubby schon am Krieg in Frankreich beteiligt. Er gehörte dem einfachen Soldaten James Robert Conroy, der ihn, auf dem Weg nach Frankreich, mit einschmuggelte, indem er ihn im Kohlebunker versteckte.

Es gibt viele Paralellen zu Hund Rag. Hier und da Klugheit und leichte Auffassungsgabe, da und hier instinktives Erkennen nahender Gefahren, auch über Stubby ein Buch mit dem Untertitel „Wie ein streunender Hund und sein bester Freund halfen, den 1. Weltkrieg zu gewinnen". Berühmt wurde jene Weste, welche eine begeisterte Französin für ihn nähte und die mit allen zahlreichen Orden und Ehrenzeichen bestückt ist, die Soldaten ihrem vierbeinigen Freund verliehen haben. Den Rang eines Sergeanten bekam Stubby verliehen, als er einen einzelnen deutschen Soldaten stellte, der dann gefangengenommen wurde – aus amerikanischer Sicht durchaus eine Heldentat! Seine Kriegsbilanz ist imponierend: 18 Monate Dienst bei der 102. Infanterie-Division, Teilnahme an vier Offensiven und siebzehn Schlachten, viele militärische Orden, die er am Halsband oder auf der angepassten Weste tragen durfte.

Hunde als Maskottchen bei den Fliegern. Schon in diesem Krieg zeigte sich, was sich später wiederholen sollte: Flieger gehören zur Elitetruppe der Soldaten. „Der Flieger und sein Hund" betitelt Oberleutnant Anders einen Artikel in der „Berliner Illustrierten Zeitung":

„Drei Tierarten gibt es, die tätigen Anteil am Krieg genommen haben: Pferd, Hund und Brieftaube. Aber keiner von ihnen ist so sehr Tröster der Feldgrauen aller Ranglisten geworden wie der Hund. Und nirgends ist er so allge-

mein zu finden, wird er so hoch geschätzt und sorgfältig gepflegt wie in den Fliegerlagern. Hier hält man auch noch auf Rassehunde."

Sie hatten gut reden, die Flieger, durften sie doch ihre Hunde von zu Hause mitbringen. Wenn auch die Frontflugplätze mit feindlichen Angriffen zu rechnen hatten, so war's doch hier ungefährlicher als vorne im Kampfgebiet, und vor allem gepflegter. Oberleutnant Anders fügte demnach auch an:

„...während in den Unterständen und Batteriestellungen oft zwar recht liebe und gute Hundetierchen, aber von unmöglicher Mischung zu finden sind..."

Da tollten sie denn auf den Flugfeldern und in den Unterkünften der Mannschaft herum: Maskottchen wie „Auspuff" oder „Vollgas", die Mischlinge waren, oder auch richtige Reinrassige wie „Moritz", die Dogge des Fliegerhelden Manfred von Richthofen. Allerhand Scherze wie Verkleidungen werden mit ihnen getrieben, sie selbst gewöhnen sich unglaublich schnell an die komplizierten Regeln des Flugbetriebs. Sie trollen nicht nur mit zum Start, sorgfältig auf Propeller und Räder achtend, um Herrchen das Geleit zum Einsatz zu geben – welcher der letzte sein kann. Und sie sind zur Stelle, wenn dieser zurückkommt und irren sich niemals in der richtigen Maschine.

Woran sie dies bemerkten, war damals umstritten; übrigens wurden die gleichen Beobachtungen auch während des nächsten Krieges gemacht. Folgende Fragen standen an:

Erkennen sie die Flugzeuge am Typ?

Unterscheiden sie die groß aufgemalten Nummern?

Oder merken sie sich die Farben der Maschinen, zum Beispiel das Rot beim „Roten Teufel“ Manfred von Richthofen?
Erkennen sie Herrchen in der Kanzel?
Hören sie das Motorengeräusch heraus, das bei jeder Maschine anders zu sein pflegt?
Erkannten sie an den Landegewohnheiten ihre richtige Maschine?
Oder war alles mehr oder weniger purer Zufall und wurden nur die Treffer der Hunde von den Bodenleuten wahrgenommen?

Die Frage nach dem Motorengeräusch ist die entscheidende und führt zum Kern der Sache: Denn auch das Bodenpersonal erkannte per Ohr beim Anflug, „wer denn da einflog“; nicht beim ersten Mal natürlich, und das ging den Hunden genauso. Fügen wir nur bei, dass heutzutage unsere Hunde im Wohnzimmer freudig aufbellen, wenn sie das im Auto heimkommende Herrchen auf der Straße oder in der Garage heraushören!

Die nicht zu großen Hunde durften auch mitfliegen. Man bedenke, dass es geschlossene Kabinen zuerst nicht gab und wie der Flugwind in den Ohren der Hunde gebraust haben muss! Von seinem Dackel berichtete ein ungenannter Pilot, dass der sich sogleich nach dem Start zu Füßen seines Herrn niedertat und weder durch die Knallerei der Luftkämpfe, das Kurvendrehen und Sturzfliegen noch durch die dünne Luft in fünf Kilometern Höhe aus der Ruhe bringen ließ. Erst wenn das Gas weggenommen wurde und die Maschine in den Landeanflug ging, wachte der Dackel auf und war zum Aussteigen bereit.

Dobermann Mumm rettete seinen Herrn und sich selbst vor dem plötzlichen Abschuss. Nie hatte er mitfliegen dürfen, obwohl der Sitz des Beobachters in der zweisitzigen Maschine stets freiblieb. Desto fanatischer konnte er seine Freude über die Rückkehr Herrchens äußern, seine echte Zuneigung und kompromisslose Hingabe, die manchmal alle Vorsicht außer Acht ließ: Denn kaum dass die Maschine stand oder noch langsam auslief, versuchte er von hinten aufzuspringen, wohl wissend, dass vorn der tödliche Propeller drohte.

Nachts schlief Mumm unter dem Flugzeug in Höhe des Sitzes für den Beobachter, um dem Platzpersonal und auch Herrchen anzudeuten, wo beim etwaigen Mitfliegen sein Aufenthalt sein sollte – kann sich ein nicht sprechendes Lebewesen deutlicher ausdrücken? Weil all sein Verhalten Herrchen nicht zu beeindrucken schien, ging Mumm eines schönen Flugtages aufs Ganze: An einem Sommermorgen, der Flug sollte bis Boulogne gehen, riss Mumm sich in dem Moment vom Personal los, als sein Herr Vollgas gab und die Maschine dröhnend anrollte. Mumm holte sie ein, die Leine nachschleppend, und tollte so ausgelassen und fordernd in der Nähe des Propellers herum, dass der Pilot nicht anders konnte als den Start abzubrechen. Zwar schrie er ihn an „Bist zu verrückt geworden!“, hob Mumm jedoch in einer impulsiven Eingebung in die Maschine und schnallte ihn fest. Das schon herbeieilende Bodenpersonal konnte nur noch verblüfft den beiden Fliegern nachschauen.

Schon nach einer Minute Flug ist Mumm dahintergekommen, den Kopf besser nach hinten zu drehen, weg vom Fahrtwind mitten ins Gesicht! Im großen und ganzen machte er einen zufriedenen Eindruck und störte auch sein

Herrchen beim Navigieren und Steuern nicht. Doch plötzlich, oder gar nicht plötzlich, wurde der Flug ungemütlich: Über den feindlichen Linien natürlich und in Form von grauen Sprengwolken rund um das Flugzeug. Der Feind schoss aber miserabel. Schon waren auf dem Rückflug die eigenen Linien in Sicht, alles schien überstanden, wieder einmal eine glückliche Heimkehr! Da – was sollte das? Mumm bellte wie rasend, richtig bösartig diesmal, wie er Fremde auf dem Flugplatz anzubellen pflegte oder jene Soldaten, die Schabernack mit ihm treiben wollten.

Der Pilot ahnte Unheilvolles, ein kurzer Blick zurück bestätigte den Verdacht: Ein feindlicher schussbereiter Flieger saß ihm im Nacken! Mumm stand in den Gurten und bellte, dass der Geifer schäumte und dem bösen Feind entgegen trieb – da hieß es augenblicklich, Haken schlagen, ehe die erste MG-Garbe herüberkam. Dies gelang dank des tüchtigen Piloten, Mumms geliebtes Herrchen, und der feindliche Pilot musste nun seinerseits zusehen, nicht abgeschossen zu werden.

„Später war nicht nur Herrchen“, schrieb Oberleutnant Anders, *„waren auch alle Kameraden überzeugt, dass Mumms Wut und Aufmerksamkeit die Rettung gebracht hatten.“*

Nun hatte auch der Platzkommandant nichts mehr einzuwenden, wenn Mumm den mitfliegenden Beobachter spielte, bis – ja, bis Herrchen und Hund das in diesem Krieg übliche Ende fanden. Oberleutnant Anders schreibt abschließend:

„Wenn auch unsere Flieger ein hartes wetterfestes Geschlecht sind, das keine überflüssigen sentimentalen Regungen kennt, so ist es doch manchmal ein sonderbar tröstliches Gefühl, eine solche kleine Hundebestie bei sich

zu haben, ein kleines warmes atmendes Stück Leben, das sich vertrauensvoll ganz dem Menschen überlässt."

Schäferhund Wotan, acht Jahre alt und nun wieder auf dem flandrischen Flugplatz mit seinem Herrn Robert Westerkemper aus dem Westfälischen vereint, sollte nach Aussagen eben dieses Herrn Ohren haben, die Ameisen husten und Mäuse pupen hören könnten. Nun, das war noch zu beweisen. Robert war seit jenem Tag Wotans Ein und Alles, als er ihm, auf dem väterlichen Hof noch, den Körper von Zecken gereinigt und ihm fürs brave Stillhalten eine Mettwurst verabreicht hatte. Diese elterlichen Mettwürste kannte hier jeder auf dem Flugplatz, denn sie kamen monatlich einmal per Postpaket angeliefert. Und wenn der Postbote noch zwei Kilometer, - meist gegen den Wind -, entfernt war, roch Wotan ihn schon und stürmte ihm entgegen.

Als Leutnant Westerkemper nach der Ausbildung zum Flieger zu diesem Platz versetzt worden war, kannte er schon einige von Fliegerhunden vollbrachte Heldentaten und wunderte sich, hier keinen Wach- oder Maskottchenhund anzutreffen, hier, wo die belgische Bevölkerung weiterhin renitent war und Saboteuren Vorschub leistete.

„Herr Hauptmann", sagte Westerkemper darum zum Platzkommandanten Peter vor dem Berge, „wenn ein Hund wie mein Wotan hier eingestellt wäre, käme kein Spion oder kämen keine Saboteure auf den Platz, ohne von Wotan nicht sofort bemerkt und nach Strich und Faden von ihm behandelt würden."

Und er berichtete ihm von daheim, wo Wotan als Bewacher des väterlichen Hofes einen Einbrecher „kurz und kleingebissen" habe, so dass der Mann dadurch das Glück gehabt habe, als nicht kriegsverwendungsfähig eingestuft zu werden.

Wotan kam, sah und siegte! Alle mochten ihn, er mochte alle. Nachdem Wotan alle Kniegelenke und Schweißfüße beschnuppert und allen Stimmen gelauscht hatte, kannte er jedermann und konnte sich an die Erkundung des Geländes machen. Sein Herrchen führte ihn rundum genau über die Grenzen der Anlage und damit wusste Wotan hier besser Bescheid als der Hauptmann und – die potentiellen Attentäter, welche schon in den Startstiefeln steckten und eine stürmische Nacht abwarteten.

Diese kam mit Herbststurmgebraus heran, den einzelnen Böen folgten drei Mann des belgischen Widerstandes, und die beiden deutschen Wachtposten drehten ihre Runden ums Gelände mit eingezogenen Köpfen, Augen zu Schlitzen verkleinert und scheinbar die Ohren mit Oropax verstopft. Nur einer wachte auf leisen Pfoten, mit gespitzten Ohren und riechbereiter Nase: Wotan! Für die drei Einbrecher, bewaffnet mit Handgranaten und Pistolen, war es leicht, den Maschendrahtzaun „made in Germany" in Bodenhöhe zu durchschneiden und so anzuheben, dass ein Mensch hindurchkriechen konnte.

Wotan hörte das Knipsen der Kneifzange, das leichte Knirschen des Drahtes, als er gebogen wurde und unhörbar geflüsterte Worte in flämisch (übersetzt!) „So, das hätten wir, nun zu den Maschinen." Da hatte er im wahren Sinn des Wortes Wotan am Hals und ein Todesschrei erklang in rauer Nacht. Aber Wotan hielt sich mit dem Totbeißen nicht lange auf und packte den zweiten bereits flüchtenden Mann am Hintern, als der durch das Loch im Zaun flüchten wollte. Wotan hielt ihn eisern mit den Zähnen fest, bis

Wachmänner kamen, Warnschüsse abgaben und den dritten Mann, der wie gelähmt dastand, festnahmen.

Wotans zweite Heldentat eine Woche später hätte ihm eigentlich den Pour le mèrite einbringen müssen, doch der Kaiser weigerte sich, ihn einem Hund um den Hals zu hängen. Es war wieder Wotans „unschlagbares“ Gehör, das die Situation rettete. Doch Robert Westerkemper erzählte später etwas anderes:
„Wotan hat nicht an den Motorengeräuschen die Angreifer identifiziert, sondern am Umstand, dass ja alle Flieger und ihre Maschinen auf dem Platz standen und kein Anflieger mehr zu erwarten war.“
Und dieses war passiert: Soeben hatte sich der schlaue Wotan, lukrative Freundschaften pflegend, bei den beiden MG-Stellungen und deren Besatzungen ein paar Happen zum frühen Abendessen besorgt und wollte seinem Herrn Leutnant einen Besuch abstatten, als er abrupt anhielt und seine Nase in den Wind steckte, der wie hier meist üblich von Westen her anstrich. Sein erstes aufbrüllendes Gebell machte die beiden Besatzungen der Stellungen aufmerksam, und als sein Gebell in langanhaltendes böses Kläffen in die genannte Richtung weiterging, entdeckten die Männer gegen den Sonnenuntergang hin drei schwarze Punkte niedrig über den Bäumen des dortigen Waldstücks auftauchen.
„Fliegende Vögel wie Gänse und Enten sind hier nicht selten,“ sagte einer der Männer
Aber Wotan spielte weiterhin total verrückt und preschte dann, unaufhörlich bellend, den Erscheinungen entgegen, bis der Zaun ihn aufhielt. Da hatten die Soldaten aber schon begriffen, dass metallene Vögel im Anflug waren,

und wie der Blitz wurden beide MGs besetzt. Der Zielschütze konnte die anfliegenden Engländer in aller Ruhe anvisieren und herankommen lassen, die, statt sich unauffällig „anzuschleichen“, nun gerade in die Garben der MGs hineinflogen und östlich hinter dem Flugplatz abstürzten. Natürlich gab es nur einen Helden des Tages und Leutnant Westerkemper wurde sein Stellvertreter.

Beide durften vereint drei Monate später nach Hause marschieren, nachdem Wotan bei den Ratten Flanderns, welche deutsches Kommissbrot und Harzer Käse besonders liebten, noch ein „Waterloo“ angerichtet hatte: Eine Woche lang zehn tote Ratten, die alle durch sein Gehör geortet und mit seinen spitzen Zähnen durchgebeutelt wurden...

Hunde als Maskottchen bei der Marine. Von der Fliegerei zur frommen Seefahrt, auch Marine genannt. Auch sie war ein Elitebetrieb mit weniger streng gehandhabter Vorschriften, aber mehr bürokratischen Regeln. Was das Maskottchenwesen betraf, handelte es sich manchmal um „Unwesen“, zumal bei den U-Booten mit ihrer räumlichen Enge. Da noch den Raum mit einer Kreatur teilen, die oft im Weg stand oder lag? Ja, gerade darum! War das überhaupt den Tieren gegenüber verantwortlich? Ja, gerade darum: Je höher Gefahr und Not, desto begehrter ein treuer Kamerad! Die Chancen zum Überleben beim Untergang standen freilich auf Null. Wer hat die Hunde gezählt, die als Maskottchen mit untergegangen sind, untergehen mussten? Wenn auch die Seeleute wohl nie ihren vierbeinigen Freund leichtfertig im Stich gelassen haben werden, im Chaos eines Untergangs kann jeder nur an sich denken.

Heldentaten von Vierbeinern gab es auch auf See, wie wir nun darlegen werden.

Außergewöhnlich mag die Vorstellung sein, dass ein Hund ein Schiff zweimal vorm Untergang rettet – aber es ist geschehen! Held der Geschichte ist Chow-Chow Maski, ein richtiger See-Hund, denn Schiffe waren sein Zuhause und vor dem großen Krieg waren die weißen Planken eines bekannten Kreuzers der Reichsmarine sein liebster Aufenthaltsort. Dann hieß es mit Kriegsbeginn aber: Umsteigen auf ein U-Boot, weil auch Herrchen es tun musste, auf „Seine Majestät U 202" . Maski zeigte sich mürrisch. Augenzeuge Freiherr von Spiegel berichtet:
„Zum ersten Mal seit vielen Jahren verstanden wir uns nicht völlig. Langsam aber versöhnte er sich mit seinem Geschick. Er hatte schnell die Vorteile heraus, die das neue Dasein ihm bot. Vor allem aber liebte er es, wenn die Boote unserer Flotille im Hafen nebeneinanderlagen. Dann gab es Spaziergänge über eine ganze Masse Decks, und auf fast jedem Boot gab es einen Hund, mit dem er sich herumbalgen konnte... Und dann war man auf See auf dem niedrigen U-Bootsdeck den schäumenden, spritzenden Wasser so herrlich nahe. Was gab es für ihn Schöneres, als ganz vorn in dem spitzen Bug zu stehen und die Wellen anzubellen, die mit ihm spielen wollten und es doch nicht taten?"

War es schon ungewöhnlich, einen derart seetüchtigen Hund zu erleben, der keine Angst besaß, über Bord zu gehen, so wurde es beinahe komisch, als Maski sein Boot wie ein Hofhund zu bewachen begann. Was und wer sich auch weniger als hundert Meter näherte, es wurde erbarmungslos angekläfft und kompromisslos giftig angebellt: andere

Schiffe, Treibgut, Delfine und – Sehrohre! Ein fremdes Sehrohr im Blickfeld? Wenn's da nicht Alarm gab...

1915 hatte U 202 an der englischen Ostküste einen Dampfer torpediert und der Kapitän hatte auftauchen lassen, um Menschenleben zu retten und mit dem gegnerischen Kapitän Kontakt aufzunehmen. Nach der langen Tauchfahrt war auch Maski froh, frische Luft schnappen, austreten und wie geübt Wache schieben zu dürfen. Und er passte besser auf als die Brückenwache, welche sich ablenken ließ. Plötzlich wütendes Gebell Maskis! Freiherr von Spiegel berichtet weiter:
„Er stand ganz vorne im Bug und kläffte, was aus seiner Lunge herauszuholen war. Sein Rückenhaar stand gesträubt, wie eine einzige große Bürste, mit angestemmten Vorderpfoten starrte er nach steuerbord voraus und gebärdete sich wie irre. Was war denn los mit ihm, hier mitten auf freier See! Meine Augen wanderten suchend über das Wasser in der Richtung, welche die Haltung des Hundes mir bot. Fast wäre ich vor Schreck vom Turm gefallen, die Augen traten mir vor Entsetzen aus dem Kopf. Da kam, keine hundert Meter weit ab, in rasender Fahrt, dass das Wasser weiß an ihm rauschte, das Sehrohr eines feindlichen U-Bootes angefegt...“
Zum Tauchen war es natürlich zu spät, aber es gelang, den schnurstracks anlaufenden Torpedos auszuweichen. War es nicht selbstverständlich, dass die Matrosen von nun ab ihrem Maski die leckersten Sachen zusteckten?

Maskis nächste Rettungstat war leider auch seine Letzte. U 202 pirschte in der Biskaya und stellte über Wasser ein Schiff, das mit dem Bordgeschütz versenkt werden sollte.

Also Schuss vor den Bug, der Brite gehorchte, drehte bei und ließ die Rettungsboote zu Wasser. Alles sah harmlos aus, als die Mannschaft ihr Schiff verließ und in die Rettungsboote umstieg. U 202 schob sich langsam näher, mit Maski auf dem Deck, der angespannt und mit funkelnden Augen beobachtete. Dann bellte er los, getreu seinem Charakter als Wachhund und Chef seines Bootes. Ehe jedoch die Artillerie von U 202 in Aktion treten konnte, tönte fremdes Hundebellen übers Wasser vom anvisierten Schiff herüber – wohl als Antwort für Maskis Gebell gedacht.

Ein Hund auch auf dem gegnerischen Schiff? Jawohl, man sah ihn sogar auf Deck hin und herlaufen. Und eiskalt und gleichzeitig siedendheiß vor Überraschung und Entsetzen lief sozusagen den deutschen Seeleuten der Angstschweiß den Rücken hinunter! Warum das? Weil sie genau wussten und vollkommen überzeugt waren, dass kein Matrose, der in Ruhe und ohne direkte Gefahren sein Schiff verlassen darf, sein Maskottchen zurücklässt! Dort waren also noch Teile der Mannschaft an Bord geblieben!

„Eine U-Boot-Falle!“

Durchzuckte es Kommandant und Matrosen des deutschen U-Bootes. Nichts wie Abdrehen war hier das Gebot der Sekunde, und dann so schnell wie möglich Abtauchen! Da fiel schon die Tarnung des Gegners, seine Geschütze begannen zu schießen, wenn auch schlecht und scheinbar ungeübt. U 202 erhielt zwar Treffer, konnte aber ablaufen – gerettet durch den famosen, getreuen und unübertroffenen Maski. Der jedoch durch einen verirrten Granatsplitter erwischt wurde. Klar, dass jeder Matrose von U 202 bitterlich geweint und diesen Hund für immer im Gedächtnis behalten hat...

Es ist aus dem bisher Dargelegten klar hervorgegangen, dass Hunde im Weltkrieg Kameraden, Lieblinge, Helfer und Retter gewesen sind. Aber auch Leidtragende, Gequälte, Verstümmelte und sterben mussten wie andere, die der Krieg in seinen Bann geschlagen hatte. Wohl alle überlebenden Kriegsteilnehmer und alle Zeitgenossen überhaupt sind zu der Einsicht und Ansicht gekommen und dachten bei sich:
„So etwas darf sich nicht wiederholen!"
Aber es wiederholte sich! Und damit auch Leiden, Sterben, Abenteuer und Heldentaten der Hunde im Krieg...

Unsere Hunde im Zweiten Weltkrieg

Viele heutige Menschen mögen sich nicht vorstellen, dass auch im zweiten großen Krieg des 20. Jahrhunderts noch auf die Mithilfe von Tieren zurückgegriffen wurde; außer bei Pferden vielleicht. Dann kennen sie die furchtbaren Fotografien der Zugpferde im Schlamm und Matsch der Ostfront, wo selbst Panzer aufgeben mussten. Aber Hunde? Gar Brieftauben? Aber es war so, und auch als Maskottchen durften Hunde wieder mit von der Partie sein, bei allen Waffengattungen zu Land, zu Wasser und in der Luft, die im zweiten Krieg bedeutend mehr bevölkert war als im ersten.

Ausgehend von den guten Erfahrungen des ersten Krieges entschlossen sich die führenden Militärs, die oft noch dem alten Kader des Kaisers angehörten, zum erneuten Einsatz von Kriegshunden. Doch auf den Meldehund wollten sie verzichten. Das Nachrichtensystem per Funk war so vervollkommnet worden, dass keine Leitungen mehr verlegt werden mussten, wollten Front und Führung kommunizieren. Erinnern wir uns: 1914 konnte die Marineleitung in Berlin zwar dem fernen Ostasien-Geschwader des Admiral von Spee im Pazifik durchfunken, dass der Krieg mit England ausgebrochen sei, aber die kurzen Entfernungen in Frankreich zwischen vorderster Front und dem Divisionsstab, - meist nur einige Kilometer weit entfernt -, mussten mit Kabeln überwunden werden.

Neues verdrängt Altes, sagt man, und sei meist besser. Doch ganz neu war in diesem Krieg die Infamie des Einsatzes von Minenhunden; über den wir noch berichten werden. Neu wird auch der Bombensuchhund, der in den zerstörten Städten nach Überlebenden zu suchen hatte. Für die Heimat ganz neu wird auch der Bomberschnüffelhund, der analog zu den Hunden des ersten Krieges nicht die anfliegenden Granaten hört, sondern den monotonen Gesang tausender Bombermotoren in der Luft. Grundsätzlich verlief der neue Krieg anders.

„Nie wieder Grabenkrieg!“

Hieß die Parole eines gewissen Gefreiten aus dem vorigen Krieg. Ein Vormarsch von tausend Metern, im ersten Krieg ein beachtenswerter Erfolg, galt mit Recht als lächerlich, und so propagierte man den Bewegungs- und Blitzkrieg. Nachrichten liefen größtenteils drahtlos, Telefonkabel gehörten jedoch immer noch ins Gepäck der Kompanien – wozu dann Meldehunde? Außer: Es brach alle moderne Technik zusammen! Auch die treuen Sanitätshunde, jedem Soldaten noch in angenehmer Erinnerung, werden gewiss nicht mehr benötigt werden. Doch das Sagen hatten jene Generale und Offiziere, die sich schon im vorigen Krieg über alle Maßen verkalkuliert und geirrt hatten...

Allgemeines über Kriegshunde

Zu Beginn des Zweiten Weltkriegs, der für die meisten Soldaten, Bürger, Politiker und Diplomaten, auch jene im Dunstkreis des so genannten Führers, letzten Endes doch überraschend kam, war vieles noch so, „wie es vom vorigen Krieg her liegengeblieben war". Auch für Hunde gab es diesmal noch einen Mobilmachungsplan:

„...dass alle noch vorhandenen Tiere wie Meldehunde, Sanitätshunde, Gasspürhunde, Schutz- und Wachhunde auf das Heer verteilt werden sollten. Hat die Wehrmacht weiteren Bedarf, kann sie ihn aus privaten Beständen decken..."

Am 24. Dezember 1940 meldete die Frankfurter Zeitung unter der Überschrift „Das Rückkaufsrecht der Hundebesitzer":

„Die Wehrmacht hatte zu Beginn des Krieges zahlreiche Hunde zur Verwendung im Heer, in der Polizei und beim Zolldienst eingezogen. Die ehemaligen Besitzer haben nach dem Ende des Krieges ein Rückkaufsrecht auf diese Hunde. Danach werden die Hunde, die von Privatpersonen für die Dauer des Krieges an die Wehrmaht verkauft worden sind, nach dem Krieg an die früheren Besitzer zurückverkauft, soweit nicht dringende dienstliche Interessen der Rückgabe zu diesem Zeitpunkt entgegenstehen."

Alle diese Vorschriften galten natürlich nur im Fall eines Sieges...

Die Sanitätshunde wurden an der Heereshundeschule in Sperenberg ausgebildet und es wiederholte sich die Erfahrung von 1914 bis 1918, dass der Führer den Hund macht. Außerdem kühlte das Interesse fortschrittlicher und draufgängerischer Truppenführer am Einsatz von Kriegshunden merklich ab, weil der Krieg sich unerwartet günstig anließ und man solchen Schnickschnack nicht nötig zu haben glaubte. Aber dann kam der Winter von 1941 auf 1942 in Russland! Nicht nur die Technikfanatiker erhielten ihre Dämpfer. Denn die Technik wurde im echten Sinn des Wortes kaltgestellt, eingefroren und tiefgekühlt sozusagen. Plötzlich besann man sich auf lebende Helfer, Pferde und Hunde. Plötzlich auch bekam die „Diensthund-Lehr- und Versuchanstalt“ wieder Bedeutung und die Nachfrage nach vierbeinigen Helfern und Freunden schallte aus der Armee herüber. Fieberhaft begann man mit der Ausbildung von Schlittenhunden, denn nur mit ihnen war es möglich, Verwundete von den vorderen Linien in die hinteren Sammelstellen und Lazarette zu bringen. Wie und warum diese Ausbildung noch während des ersten Russlandwinters geschafft wurde, ist eine besondere Leistung und erscheint im Nachhinein als ein Wunder. Dramatische Einsätze waren die Folge, denn auch die armen Soldaten an der Front waren auf diesen Winter nicht vorbereitet worden: Man hatte sie kaltblütig in die Urgewalten östlicher Winter ziehen lassen.

Nicht nur dem fälligen Aufruf zum Spenden von Winterbekleidung, auch zur Abgabe kräftiger Hunde kam die Bevölkerung in überwältigender Weise nach. Schon bald sind diese Tiere in Pommern ausgebildet und eingewöhnt worden und gingen an die Front. Lassen wir hierüber den Chefausbilder und Initiator der Hundeschlitten in seinem Buch „Verklungen Horn und Geläut“ selbst berichten:
„Wer nennt die Namen all der Gespanne, die im Geschosshagel und Schneesturm die Schlitten mit den Schwerstverwundeten sicher zurückbrachten ins Feldlaza-

rett? Heute noch kann ich ihrer nicht gedenken, ohne dass mir Tom, Trix und Trapp einfielen, die drei mächtigen Neufundländer, die vor dem schweren Verwundetenschlitten auf dem Darß mein Vollblutgespann über zehn Kilometer glatt abhängten! Und für alle Zeiten seien hier bewahrt die Namen von Eiszapf, Schnee und Hagel, des besten und großartigsten Gespanns des ganzen Krieges. 594 Schwerstverwundete brachten diese drei Hunde aus der vordersten Linie sicher in ärztliche Hand. Fast 600 Männer verdanken ihr Leben den Lungen, den Läufen und der unverbrüchlichen Zuverlässigkeit und Treue dieser drei Hunde. 40.000 ihresgleichen standen im letzten Kriegsjahr an allen Fronten im Einsatz, und gleich jenen dreien kehrten viele von ihnen niemals zurück."

Noch am 30. Januar 1945 bringt die „Berliner Illustrierte Nachtausgabe" eine Meldung, dass Hunde den Truppen an der Ostfront Sanitätsmaterial, Munition, und andere Versorgungsgüter überbrächten, überall dort, wo andere Verkehrsmittel nicht mehr durchkommen. Bisher hatte man der Bevölkerung derartige „Kleinigkeiten" eines modernen, das Material verschlingenden Krieges nicht mitteilen wollen. Gegen Ende des Krieges, als alles zu spät sein wird, hat die Wehrmacht die Bedeutung der Schlittenhunde erkannt, ruft dringend nach ihnen und lässt auch zwei Lehrfilme „Hundeschlitten" und „Der Hund als Zugtier" anfertigen. Ein mit neun Hunden bespannter Schlitten kann immerhin mit 500 Kilogramm Last beladen werden.

In der zentralen Abrichtungsstelle für Kriegshunde konnten ungefähr 2.000 Hunde gleichzeitig ausgebildet werden. Insgesamt sollen 200.000 Stück abgerichtet worden sein:

Deutsche Schäferhunde, Rottweiler, Pinscher und Dobermanns hauptsächlich. Der Russlandfeldzug fand unter Bedingungen statt, über welche der deutsche Soldat nur vom Hörensagen wusste. Nicht nur an, auch hinter der Front wurde gekämpft. Darum mussten ganz neue „Hunderassen" herangezüchtet werden: Minensuch-, Partisanen- und Panzerbekämpfungshunde. Diese Hunde mussten erst einmal an den Lärm der Front gewöhnt werden, ganz so wie im ersten Krieg es die Meldehunde erlernten. So wurde ihnen das Krachen der Handgranaten, Heulen der ganz schweren Brocken, Bellen der Maschinengewehre und Dröhnen der Tiefflieger zur gewohnten, vertrauten Musik – nichts sollte sie in Zukunft mehr erschüttern dürfen. Schon 1940 hatte die Wehrmacht in Frankreich Patrouillen mit Hunden eingesetzt, zur Niederhaltung und Aufspürung der Partisanen im Hinterland. In Russland nahm dieses Problem ungeahnte Ausmaße an, so dass jedes Mittel zur Bekämpfung recht schien.

Hunde sind, wir wissen es, die geborenen Sucher und Finder. Warum sollen sie nicht auch Minen finden können? Minen, die von Partisanen unter Bahnlinien platziert, in Straßen und Wege eingearbeitet wurden. Bald waren die Tiere so perfekt ausgebildet, dass die erfahrensten Pioniere der Wehrmacht neidisch werden konnten. Hier der kurze Bericht eines Zeitungsmannes vor Ort:

„In der Ukraine wurden zu jener Zeit allwöchentlich etwa zwanzig Züge durch Bombenanschläge auf die Bahnkörper zum Entgleisen gebracht und beschossen. Nun übernahmen zwei Minensuchhunde mit vier Hundeführern den Streckenschutz, und sie arbeiteten besser und weit wirkungsvoller als es ein Wachkommando von fünfzig Mann bisher

vermocht hatte. Nur ein einziges Mal noch gelang den Partisanen ein Anschlag gegen diese Strecke."

Minensuchhunde und Minenhunde

Der Berliner Such- und Polizeihund Pinscher „Müffel" hatte sich schon vorm Krieg in der Hauptstadt einen Namen gemacht, weil er jeden Täter, dessen Geruch er hatte aufnehmen können, letzten Endes doch stellte und ihn seinen Dienstleuten übergeben konnte. Was seine Nase einmal erschnüffelt hatte, blieb in seinem kleinen Gehirn monatelang, „jahrelang", sagte sein erstes Herrchen, gespeichert und abrufbar. Als sein zweites Herrchen, Polizeileutnant Kurt Schomaker, einberufen und nach Russland zur Wachmannschaft versetzt wurde, durfte Müffel nach Rücksprache mitkommen und wurde damit Diensthund der deutschen Wehrmacht.

Seine Ausbildung zum Minensuchhund dauerte nur eine Woche, dann konnte ihm „kein Mensch mehr etwas vormachen". Minenattrappen wurden Müffels Leidenschaft und wie von selbst schien er begriffen zu haben, dass man mit echten Minen behutsam umzugehen habe und sie nicht beißen, - das Zubeißen war sein Hobby-, sondern nur anbellen durfte. So kam die Ukrainerin Matja, eine Hilfswillige der Wehrmacht in Kiew, ohne eine einzige Bisswunde zu kassieren, durch ihre Mine ums Leben. Leutnant Schomaker hat den Vorfall berichtet:

„...sie überholte uns, als wir Streife auf dem Markt von Kiew gingen, mein Kollege, Müffel an der Leine und ich, und kam damit in die Schnüffelzone von Müffel. Er blieb abrupt stehen, zog die Witterung in seine Nase und stürmte vor, mich beinahe mitziehend. Jetzt erst sah ich, dass Matja einen Tragbeutel vorm Bauch trug, den sie mit beiden

Händen festhielt. Müffel riss mich nach vorn und bellte Matja, die sich kurz umdrehte, so empört an, dass ich Verdacht schöpfen musste und ihr ‚Halt – Stoi!' befahl. Sie gehorchte nicht und begann zu flüchten. Während ich noch überlegte, ob ich Müffel schnallen (loslassen) sollte und mein Kollege bereits das Gewehr anlegte, ertönte eine Explosion, welche die Flüchtige in tausend Stücke zerriss – sie hatte also eine Mine bei sich gehabt und sich lieber in die Luft geprengt als sich von uns kontrollieren und verhaften zu lassen..."

Wie kann es sein, mag sich mancher Laie fragen, dass Hunde solche „kalten" toten Gegenstände wie Minen lokalisieren konnten? Warum setzte man nicht Detektoren ein, um ausgelegte Minen auffinden zu können? Nun, schon hatte man angefangen, diese tödlichen Tretminen nicht ausschließlich aus Metall, sondern auch aus Kunsstoff, Glas und Holz herzustellen. Es ging den Minenlegern nur darum, dass der Gegner diese Minenfelder nicht zu einfach finden und unwirksam machen konnte. Leutnant Schomaker jedenfalls war seiner Zeit voraus, als er Müffel mit unscharfen Minen auszubilden begann.

Zunächst durfte Müffel diese komischen Dinger in Augenschein nehmen. Schon als er zum ersten Mal seine rechte Pfote auf das Modell setzen wollte, vernahm er den Neinbefehl Herrchens und er gehorchte prompt – Belohnung Nummer eins! Ob er damit bereits die neue Witterung in sein Gehirn gespeichert hatte, erschien nicht sicher. Nun machte er mit Herrchen einen Spaziergang über ein Minenfeld, und nachdem er sich fügsam und wissend zeigte, ging es noch einmal übers Feld – da waren allerdings die Minen eingegraben.

„Such geschwind!"
Das war schon der alte Befehl für alle Hunde, die Deutsch verstanden. Müffel suchte und fand – Belohnungen Nummer zwei bis zwölf: unterschiedliche Kekse, Teile von Hamburgern, Schmuseeinheiten sowohl verbal als auch real. Um sicher zu gehen, ließ Schomaker noch einen Minengarten anlegen und die eingegrabenen Minen von den Pionieren so präparieren, dass sie jedem, ob Mensch oder Tier, einen 9-Volt-Schlag verpassten, wenn diese sie berührten. Müffel hatte dann endgültig begriffen, dass er sie nicht „anfassen" durfte. Ob alle diese Manöver schließlich Erfolg hatten oder nicht, darin war sich Schomaker nach dem Kiewer Vorfall nicht mehr sicher.
„Müffel riecht diese Dinger und sonst nichts!"
Sagten Hundeexperten und rieten, ihn an der Front einzusetzen.

Der Leutnant wollte nun Nägel mit Köpfen, nämlich nicht nur die Minen, sondern auch die Minenleger unschädlich machen. Dazu musste eine heute nicht stubenreine Methode angewandt werden: den Hund auf typische Russen scharf zu machen! Nach der Ausbildung lautete der neue Befehl an Müffel:
„Fass den Russki!"
Wir ersparen uns hier eine derartige Beschreibung! Müffels erster Einsatz an der Bahnlinie Kiew – Rostow wurde ein voller Erfolg, weil die zehn deutschen Soldaten nebst Müffel und Schomaker den Partisanentrupp in dem Augenblick stellten, als die Minen unter dem Bahngeleise soeben gelegt worden und die Partisanen in Deckung gegangen waren. Die Deutschen taten, als hätten sie keine Ahnung und ließen Müffel erst einmal suchen. Die noch ganz frisch

duftenden Minen, welche durch den sie überfahrenden Zug ausgelöst werden sollten, wurden vom sehr aufgeregten und aufgebrachten Müffel innerhalb einer Stunde aufgespürt und anschließend ausgegraben.
„Müffel riecht“, sagte der Leutnant seinen Männern, „dass noch Russkis in unmittelbarer Nähe sind und ist deshalb so aufgekratzt.“
„Dann lassen Sie ihn doch suchen, Leutnant, und wir feuern sogleich auf jeden Russen, den er aufstöbert.“
Aus dem Blickwinkel der Zeit und der Soldaten Augen machte Müffel seine Sache ausgezeichnet: Er suchte scheinbar uninteressiert nach Spuren und warf sich dann mit solch wütendem Gekläff auf einen aufgestöberten Partisan, dass dieser nur voller Panik sein Versteck verlassen konnte und in den Kugelregen geriet. Müffel durfte nach jedem „Erfolg“ ein Stück von einer Mettwurst abbeißen...

Das beste Mittel, diese Anschläge und ihre Folgen zu verhindern, war jedoch, den Partisanen den Zugang auf die Bahnlinien zu sperren. Hierbei leisteten die neuartigen Partisanen-Suchhunde, auch Hunde der Freischärler genannt, sehr wirkungsvolle Dienste. Besonders gut veranlagte Stöberer konnten sich richtig beim Suchen, Stellen, Aufstöbern und Verbellen austoben, denn das war Dienst nach ihrem Geschmack.

Was in Front- und Kriegsberichten selten erwähnt und angesprochen wird ist die Tatsache, dass alle abgerichteten oder dressierten Tiere, Hunde sind da nicht auszuschließen, viel schneller ermüden und aufgeben als wir Menschen. Wir, ja wir können einen 12-, 15- bis 20-Stundentag durcharbeiten, bis uns die Schwarten krachen, die Gelenke zu versagen und die Augen zuzufallen drohen – selbst dann möchte unser Gehirn noch weitermachen. Jeder heutige Tierdompteur, der seine Darsteller ans Fernsehen oder an Kinoleute verkauft, kennt dieses Problem: Tiere können nur in Ausnahmefällen, dazu gehören zum Beispiel Zugpferde, an den Rand ihrer Fähigkeiten gebracht werden. Leutnant Schomaker erlebte solche Fälle mit seinem Müffel, wenn dieser einen Befehl Befehl sein ließ und „die Klamotten hinwarf".

„Später berichteten andere Hundeführer mir", erzählte Leutnant Schomaker, *„dass es unmöglich war, Minensuchhunde ein Land- oder Ackerstück von einem Hektar Größe in einem Rutsch absuchen zu lassen. Sie ermüden rasch oder die Sache wird ihnen langweilig, sofort lässt ihre Aufmerksamkeit nach und man kann sich auf ihre Arbeit nicht mehr verlassen."*

Stummes und lautloses Stöbern schien für die Minenhunde anstrengender zu sein als die Arbeit der Partisanenhunde, welche keine Mühe scheuten, einmal von ihren Führern angetrieben, Sabotagetrupps der Russen in Erdhöhlen, Gräben, Hütten, Getreidefeldern, Kartoffelmieten, Katen, Viehställen, Baumwipfeln und an See- und Flussufern zu stellen und solange zu verbellen, bis sie, wie die Landser sagten, „endlich ausgeräuchert" wurden. Die gemeldeten Erfolge beeindruckten sogar die höheren Stellen im Hinterland der Front:

„Das Kommando, dem die Hunde zugeteilt waren, brachte achtzehnmal mehr Gefangene her als ein Kommando ohne Hunde und hatte zehnmal weniger Verluste."

Wie verkrafteten diese eigentlich von Natur aus meist gutmütigen Hunde eine Arbeit, welche ihren wölfischen

Raubtiercharakter wieder rückzüchtete? Litt ihr Charakter? Konnten sie sich wieder ins Zivilleben einbringen?
„Einige der überlebenden Hunde der Wehrmacht“, schrieb ein Blatt, *„waren am Ende des Krieges so auf den Gegner festgenagelt, dass sie bei russischen Sprachlauten und beim Anblick von typischen Russen in wütende Raserei verfielen und von ihren Begleitern kaum zu halten waren.“*

Einige andere vierläufige Minensucher sind wegen ihrer Tüchtigkeit namentlich in die Geschichte eingegangen. Der russische Beutehund Zucka ortete seine Minen nur, wenn sie frisch gelegt waren, denn seine Nase unterschied frisch aufgeworfene Erde von der länger unberührt gebliebenen. Oft verminten die russischen Soldaten kurz vor ihrem Rückzug freie Gras- und Weideflächen, um sie für nachrückende deutsche Flieger eine Zeitlang unbrauchbar zu machen. Da wurde dann Zucka angefordert, die nicht eher ruhte, bis sie alle vergrabenen Minen gefunden hatte. Wenn sie auch viele Pausen machen musste, - denn ein Hund ist kein Akkordarbeiter -, so war sie mit ihrer Arbeit eher fertig, als es ein herbeigerufener Pioniertrupp schaffen konnte. Sie soll in vierzehn Tagen 2.000 Minen gefunden und damit wohl vielen ihrer deutschen Herrchen das Leben gerettet haben.

Gegen Ende des Krieges und in den ersten Tagen danach mussten es sich deutsche Soldaten gefallen lassen, im eigenen Land von britischen Kriegshunden aufgestöbert, angefallen und zu Boden gerissen zu werden:
„Ich hatte mir“, berichtet der deutsche Obergefreite Andreas Müller, *„ein herrenloses Fahrrad geschnappt, um vom Westufer der Elbe, die Russen im Nacken, so schnell wie möglich Richtung Westen zu radeln, und machte eine*

Pause, um mir alle Orden-, Rang- und Ehrenzeichen von der Uniform zu trennen. Es war der 9. Mai 1945 und die Leute an der Straße riefen mir zu, dass der Krieg beendet sei. Trotzdem wollte ich schnell weg von hier, denn niemand konnte wissen, ob nicht noch Hitlers Schnellgerichte gegen Deserteure und Ausreißer umherschwärmten...“
Diese Kettenhunde, wie die deutschen Landser die Feldgendarmen nannten, gab es hier tatsächlich nicht mehr, aber eine britische Patrouille, die ihm per amerikanischem Jeep entgegenkam und den mitfahrenden deutschen Schäferhund auf ihn hetzte. Dieser war ein stummer Kämpfer und sprang ihn von vorn noch während der Radfahrt an, riss ihn zu Boden und verharrte, die vier kräftigen Läufe auf die Erde gestemmt, lefzend und geifernd über seinem Gesicht.
„Ein Mucks von mir“, erzählt Müller weiter, *„und er hätte mich abgemurkst. Die Tommies im Auto lachten und scherzten und fuhren gnadenlos weiter...“*
Da ließ der Hund von seinem Gefangenen ab und trollte dem Auto nach...

Dieser Vorgang zeigt, dass Deutschlands Kriegsgegner in Sachen Kriegshunde nicht faul gewesen waren und im Zuge ihres Vormarsches durch Europa Kriegshunde besonders zu Verfolgern und Bewachern ausgebildet hatten. Nur spät und im Inneren widerwillig hatte die britische Armee angefangen, geeignete Hunde zu rekrutieren und ausbilden zu lassen. Neben der Aufgabe, Partisanen zu stellen, wurden die Hunde auch dazu abgerichtet, fremde Personen und Ansammlungen von ihnen im Vorfeld zu orten und dem Hundeführer zu melden, so dass die entsprechenden Maßnahmen eingeleitet werden konnten – ein

Verfahren, das allerdings eine perfekte Zusammenarbeit zwischen Mensch und Hund erforderte.

Kurz nach seinem Kriegseintritt kümmerte sich auch Amerika um das Kriegshundewesen und gründete eine Organisation „Dogs for Defense Incorporation", welche der Armee in zwei Jahren 20.000 aus Privathand stammende Hunde liefern konnte. Sofort nach Ausbruch des Krieges richtete auch Frankreich einen Aufruf an die Bevölkerung, sich von ihren vierbeinigen Lieblingen zugunsten der Armee und des bedrohten Vaterlandes zu trennen; doch wieviel Franzosen wären wohl der Aufforderung gefolgt, wenn man ihnen vorher offenbart hätte, wie elend ihre braven Hunde in den Tod getrieben wurden.

Alle bis jetzt hier geschilderten Hundeeinsätze sind nämlich ein Kinderspiel, so etwas wie ein Hobby für die Hunde gegenüber den nun zu beschreibenden Einsätzen. Es hieß plötzlich:

„Hunde vor die Front!"

Für Minensuchhunde, die wir bereits beschrieben haben, kein neuer Befehl, nur wenige von ihnen sind im Verlauf ihrer Sucharbeit umgekommen und sie hatten nicht weniger Chancen zum Überleben als ihre Herrchen. Doch nun trieben die Franzosen sie in Gesellschaft von Schweinen, denen das Wühlen im Erdreich angeboren ist, in ausgemachte deutsche Minenfelder hinein, damit sie „diese Teufelsdinger" zur Explosion bringen sollten.

„Wie gebannt blickten wir von unseren Unterständen und Stellungen her", schrieb ein Soldat, selbst ein Landwirt aus der Bretagne, nach Hause, *„wie die grunzenden Tiere sich auf den unverhofften Auslauf freuten und von Hunden umwuselt wurden. Die Hunde kratzten eifrig, die Schweine*

pflügten ihre Rüssel zehn Zentimeter tief durch den Acker, und während die Tiere weiter in der Breite ausschwärmten und vorankamen und nichts knallte und explodierte, fassten wir den Verdacht, unsere Führung hätte diese Veranstaltung nur für die Presse und Kinoleute gemacht. Doch dann: Ehe wir den Explosionsknall in die Ohren bekamen, flog hier ein Hund in die Luft, schrie dort ein Schwein quiekend auf, brachen dort beide gleichzeitig unter einer Erdwolke zusammen...“

Bild 1: Altbabylonischer Kampfhund um 2200 vor Chr.

Bild 2: Gepanzerte Kampfhunde des Mittelalters

Bild 3: Der Deutsche Schäferhund „Prinz“, einer der berühmten Melderläufer an der Westfront 1914 bis 1918

Bild 4: Ein Hund als Helfer beim Essenholen, 1915

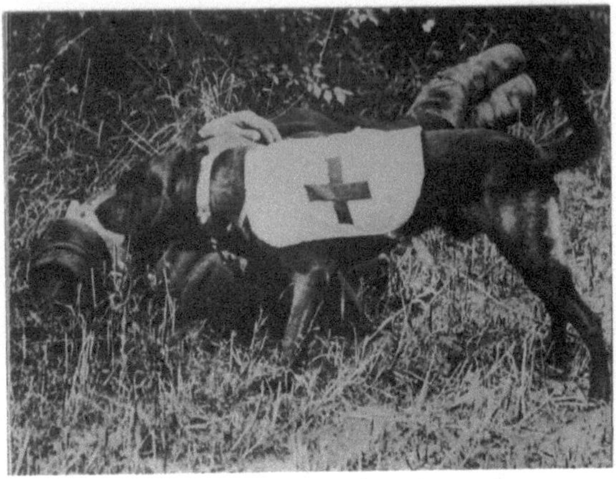

Bild 5: Sanitätshund findet einen Verwundeten. Das Rot-Kreuz-Zeichen soll ihn vor Beschuss schützen

Bild 6: Sauerstoffbehandlung eines gasvergifteten Hundes

Bild 7: Deutsche Sanitäts-Hundeeinheiten an der Westfront

Bild 8: Der Letzte im Dorf. Man hat ihn an der Kette zurückgelassen

Bild 9: Ein österreichischer Verwundeter wird evakuiert. Sein Leben verdankt er dem Sanitätshund

Bild 10: Viele Hunde wurden vom Roten Kreuz zur Verfügung gestellt, um Verwundete aufzuspüren

Bild 11: Ein belgisches Hundegespann mit Maschinengewehr

Bild 12: Auch ein schweres Geschütz wussten starke Hunde zu ziehen

Bild 13: Der deusche Flieger Manfred von Richthofen mit seinem Maskottchen „Moritz“

Bild 14: 1914: Die deutsche Feldfliegerabteilung 5b mit ihren Maskottchen

Bild 15: Die „Formidable“ sinkt, Kapitän Loxley gibt ruhig seine Anweisungen. Er und Maskottchen „Bruce“, beide sind verloren

Bild 16: Soldaten bei der Versorgung eines verletzten Maskottchens im Hundelazarett hinter der Front

Zitat aus einem solchen Musterungsbefehl: "Auf Grund des § 15 des Wehrleistungsgesetzes vom 1. 9. 1939 werden Sie hiermit aufgefordert, den in Ihrem Besitz befindlichen Hund (auch Kleinhund) persönlich oder durch eine erwachsene Person vorzuführen. Der Einberufungsbefehl über den gemusterten Hund geht im Bedarfsfall dem Halter zu".

Bild 17: Ein Musterungsbefehl der Wehrmacht vom Anfang des Zweiten Weltkriegs

Bild 18: Eine Meldehundstaffel des Heeres bei der Ausbildung

Bild 19: Englische Minenschnüffelhunde beim Einsatz in Frankreich 1940

Bild 20: Bewachung eines Bahndammes in Russland gegen Anschläge der Partisanen

Bild 21: Wenn er mit den Deutschen nach Stalingrad gezogen ist, werden sie ihn aufgegessen haben

Bild 22: Ein englischer Soldat schnallt dem Schäferhund Munition auf, die er zur vordersten Front bringen soll

Bild 23: Ein russischer Soldat mit Minenhund in Kiew, 1941

Bild 24: Ein gestelltes Bild: Minenhund mit aufgeschnallter Mine geht einen Panzer an

Bild 25: Luftkrieg gegen England: In London werden beim PDS drei Hunde abgegeben

Bild 26: Luftangriff in Frankreich: In Dinand beschützt ein Junge seinen Hund

Bild 27: „Purzel“ verschwand bei Luftalarm in die freie Landschaft und kam erst bei Entwarnung heim

Bild 28: Terrier „Pucki“ reagierte bei Fliegeralarm in Münster (siehe Text!)

Bild 29: Eine der festen Hilfsstellen in London, die sich um gefährdete Hunde kümmerte

Bild 30: Schon im Herbst 1944 gab es Trecks aus dem Osten, der Hund musste mit auf die Flucht

Bild 31: Das ist der berühmte US-Hund „Sergeant Stubby", (siehe Text!)

Bild 32: Hundeheld „Rob" bei der Verleihung der Dikin-Medaille

Bild 33: Terrier „Foxel" war der Liebling einer Einheit, aber auch er durfte nie mitfliegen

Bild 34: Hauptmann Gerd Schröder im Dialog mit „Tünnes“

Bild 35: „Tünnes“ durfte bei Feindflügen natürlich nicht mit

Bild 36: Das ist „Bamse“, der sich von seiner Mannschaft nie trennen mochte

Bild 37: Das ist „Venus“, Maskottchen eines britischen Zerstörers

Bild 38 und 39: Zweimal „Jonny“ auf dem Minenräumboot R27

Die Veranstalter hatten freilich diese Veranstaltung ohne die im Feld besonders empfindlichen Soldaten beider Seiten gemacht. „Tötenmüssen hin und Fallenkönnen her!“ – das ging ihnen entschieden zu weit! Deutsche Soldaten veranstalteten ihrerseits ein Pfeifkonzert, wie es heute zivile Zuschauer bei ihrem Missfallen tun, die Franzosen schossen scharf zurück und trieben damit die vierfüßigen Festtagsbraten den Deutschen zu. Die überlebenden Hunde kehrten zu ihren Herren zurück...

Mit dem Begriff „Minenhunde“ wurde aber seit dem Russlandfeldzug etwas anderes verbunden: der Einsatz von Hunden gegen Panzer. Die Leser des „Berliner Lokalanzeigers“ vom 1. November 1941 werden, sofern sie Hundeliebhaber waren, den Bericht des Augenzeugen Fritz Lucke mit Empörung und Abscheu aufgenommen haben:
„Auch der vorgestzte Stab unserer Division wollte die Meldung erst nicht glauben, aber die ungeheuerliche Nachricht ist Wort für Wort wahr: Auf dem schmalen Feldweg kommen den vordersten Fahrzeugen plötzlich mehrere Hunde entgegengelaufen. Einige Meter vorher drehen sie ab, rennen schweifwedelnd zurück, kommen wieder. Auf dem Rücken tragen sie auffällige Kästen in Traggestellen. Es ist eine sonderbare verdächtige Angelegenheit, aus der die Soldaten nicht klug werden. Der Kompaniechef entschließt sich zu der einzigen Möglichkeit. Mit Maschinenpistolen, Karabinern und Pistolen werden die Tiere abgeschossen. Als die Kadaver untersucht werden, - es sind graue Schäferhunde und braune Dobermanns-, stellt sich heraus, dass in den Tragekästen Sprengladungen untergebracht sind.“

Auch an anderen Stellen der ausgedehnten Ostfront wurden die Deutschen von den ersten Einsätzen der russischen Minenhunde überrascht, nicht immer haben die Soldaten richtig reagiert, so dass es Verluste gab. Soeben machte eine Einheit Mittagspause und stellte die Fahrzeuge am Straßenrand ab.

„Im selben Augenblick jagten zwei Schäferhunde aus dem Maisfeld. In langen Sprüngen kamen sie heran. Die flachen Sättel auf dem Rücken waren deutlich zu sehen...“

Die Soldaten dieser Einheit, die nicht informiert worden war, rätselten ahnungslos herum und lachten gar...

„Dann rannte der erste Hund auf unseren Schützenpanzer zu und sprang vorn unter die Ketten. Ein Blitz, donnerndes Krachen, Dreck, Qualm und Feuer schossen empor, der Panzer explodierte und unsere Kameraden verbrannten in heißer Lohe...“

Sofort nahmen die Soldaten die restlichen Tiere unter Feuer...

Scharfschütze und Unteroffizier Stefan Altmeier, daheim vor Kriegsausbruch justemalen zum dritten Mal Schützenkönig seines Dorfes im Lippischen geworden, hatte sich beim Regiment ausbedungen, mit einem der modernen Hochbrisanzgewehre samt Zeiß-Zielfernrohr die Einsätze seiner Kompanie zu bewachen und abzuschirmen.

„Der schießt einer Wanze ein Auge aus.“ – „Der trifft sogar einen Maulwurf unter der Erde.“ – „Er hat schon drei russische Ratas (Jagdflieger) vom Himmel geholt.“

Ähnlich wie im ersten Krieg, in dem einige Scharfschützen berühmt geworden sind, - „Der Schütze von Flandern“ -, gab es diese seltenen Schießbegabungen auch in zweiten Krieg.

„Das Regiment berichtet“, gab soeben der Funker durch, „Aufklärer und Scherenfernrohr-Beobachter haben in Frontnähe russische Trupps mit zahlreichen Hunden gesehen, denen Kästen auf den Rücken geschnallt wurden.“

„Das ist etwas für mich“, sagte Unteroffizier Altmeier.

Er war als Landbewohner selbst Hundefreund, konnte und durfte aber hier keine Sentimentalitäten aufkommen lassen. Die Panzer und Sturmgeschütze rückten einen Kilometer vor, bis sie rechterhand das von den Beobachtern angegebene Waldstück liegen hatten. Altmeier richtete sich auf dem offenen Sturmgeschütz ein, wo er selbst in Deckung bleiben, aber mit dem Zielfernrohr das Gelände abstreifen konnte. Wohl zweihundert Meter weiter als seine Kameraden mit normalen Karabinern konnte er mit seinem Brisanzgewehr reichen. Es dauerte nur eine halbe Stunde, bis er und einige mit Fernrohren bewaffnete Soldaten die ersten russischen Hunde herankommen sahen. Die führenden und kommandierenden russischen Hundeführer hielten sich im Hintergrund oder verbargen sich hinter Bäumen. Klar, - der Krieg ist nun einmal so -, hätte er lieber die Menschen erschossen als die unschuldigen Hunde.

Genau ein Dutzend Minenhunde unterschiedlicher Rassen erlegte er, indem er ihre Traglasten zerschoss – „So gibt es für die armen Tiere keine Qualen“, sagte er und verfluchte insgeheim jene Menschen, die glauben, dass der Krieg der Vater aller Dinge sei...

In einem anderen Einsatz wurden nicht nur überlebende Hunde sondern auch ihre Abrichter und Führer gefangenommen. Von ihnen erfuhren die Deutschen die erstaunliche Geschichte der Entwicklung der Minenhunde. Schon vor Beginn des Krieges 1941 hat die Rote Armee etwa 50.000 Hunde in Diensten und begonnen, sie auf die Abwehr und Vernichtung feindlicher Panzer abzurichten. Die deutschen führenden Militärs hatten keine Ahnung von diesen Plänen. Wie brachte man es fertig, dass Hunde unter Panzer und ähnliche schwere Fahrzeuge krochen? Nichts einfacher als das. Mit Futter und Belohnungen ist in der Tierdressur letztlich alles zu erreichen. Die erste Lektion war, dass die Hunde nur unter diesen Fahrzeugen ihr Futter bekamen. Wer sich da schon anstellte und sich nichts angewöhnen wollte, musste ausscheiden.

Die zweite Lektion gestaltete sich schwieriger. Aber wir haben ja längst erfahren, dass man fast jeden Hund, ein paar „Memmen“ ausgeschlossen, an den Kriegslärm gewöhnen kann. Mit dieser Lärmkulisse wurde den Hunden suggeriert, „es ist ja alles nicht gefährlich“: Kanonenschüsse, MG-Feuer, heulende Panzermotoren und ihre rasselnden Ketten. Hatten die Hunde diese Ausbildung hinter sich, waren sie frontreif und einsatzbereit. Die dritte Lektion bestand darin, dass die Hunde sich an das Gepäck gewöhnten, das man ihnen auf den Rücken schnallte: Ein Kasten oder einen Rucksack, oben mit einem Sensor versehen, der in dem Moment zu schalten hatte, wenn der Hund unter den extrem bodennahen Panzer kroch.

Zum Zeitpunkt ihres Einsatzes gegen einen Feind mussten sie hungern und nochmal hungern, erbarmungsloser Schmacht musste sie veranlassen, sich Panzer und damit Futter zu suchen – eigene Panzer durften freilich nicht in der Nähe sein. Es ist klar, dass der Tod der Hunde einkalkuliert war, denn die aufgemachte Rechnung der Militärs klang einfach: Der Verlust eines eigenen Tieres stand gegen die Vernichtung eines feindlichen Panzers samt seiner Besatzung! Aber in einem Massenkrieg zählten alle diese Nadelstiche nichts!

Bald hatten die deutschen Infanteristen und Grenadiere den Dreh heraus, angreifende Minenhunde abzufangen, sie zu entschärfen und letztlich – zu deutschen Maskottchen umzufunktionieren. Darum beendete der schon zitierte Fritz Lucke seinen Bericht ziemlich versöhnlich:

„Die drei gefangenen Hunde sind schöne Exemplare, die friedlich zu unseren Füßen liegen und schweifwedelnd jedes Stückchen Brot quittieren. Sie haben ja keine Ahnung, was ihre lieben Herrchen mit ihnen vorhatten."

Es sind noch einige Minensuchhunde zu nennen, die sich einen Namen gemacht haben. Da war der russische Beutehund Zucka, der seinen gefallenen ursprünglichen Herrn, ein Rotarmist aus Sibirien, nach dessen Tod verlassen hatte, vor Schmacht kaum noch laufen konnte und vom deutschen Feldwebel Rupert Rupertsen mit netten Worten, internationalen Gesten und dem Duft eines russischen Hasenbratens zum Übertritt zu den deutschen Soldaten überzeugen konnte. Entweder hatte Zucka beim Feind schon Unterricht im Minensuchen gehabt oder er war ein Naturtalent: Er entdeckte nur frisch verlegte Minen, so um 24 Stunden alt, welche von den zurückweichenden russischen Einheiten mit Vorliebe in jene Flächen eingegraben wurden, - ebene Grasplätze oder begrünte Viehweiden -, die von der deutschen Luftwaffe als Frontflugfelder hergerichtet wurden.

„Wenn nur ein wenig", erklärte der Feldwebel einem Korrespondenten, *„am Gras in Unordnung gebracht oder, weniger als es ein Maulwurf tut, die schwarze Humuserde an die Oberfläche geraten war, reagierte Zucka aufgeregt*

und unseren Detektoren taten das auch – nie hat sie sich geirrt."

Innerhalb von vierzehn Tagen soll Zucka 2.000 Minen angezeigt haben, deren Unschädlichmachung sie beobachtete und natürlich ihren wohlverdienten Lohn in ihrer Leibspeise erhielt: Fleischbällchen wie echte Hamburger, welche der Küchenmeister separat für sie in die Pfanne haute. Weil Verbände der Luftwaffe gut miteinander kommunizierten, wurde Zucka immer wieder tagelang ausgeliehen, um andere Flugfelder und provisorische Start- und Landeplätze auf Minenbefall zu untersuchen. Ihr Ende:

„Vermisst in den Weiten der Ukraine."

Bekannt geworden ist auch Rickey, ein walisischer Schäferhund, der an der holländischen Küste als Minensucher eingesetzt war. Nach Eintritt der Ebbe begann seine Suche auf nacktem Sand. Nachlässig vergrabene Minen waren dann leicht zu finden, Rickey verbellte sie eindeutig, andere Minen lagen dreißig und vierzig Zentimeter unter dem Sand. Da passte sein Herrchen einmal nicht auf, weil feindliche Flugzeuge gemeldet wurden, und Rickey gab seiner Leidenschaft des Ausbuddelns nach... Die Explosion tötete sein Herrchen, schleuderte Rickey aber nur in die Luft, und als er landete, wollte er sogleich seine Arbeit fortsetzen.

Im Gegensatz zum ersten Krieg wurde das Minenlegen im Zweiten Weltkrieg im ganz großen Stil von allen Parteien betrieben. Als Such- und Gegenmittel gab es bereits elektromagnetische Detektoren, die jedoch noch ziemlich unzuverlässig waren. Erinnern wir uns: Noch lange Jahre nach Kriegsende, bis in die 50er-Jahre hinein, war man mit dem Räumen der Minenfelder beschäftigt. Zum Erstaunen der Europäer machten diesmal auch die Amerikaner, ein technikbegeistertes Volk, sich daran, Minensuchhunde auszubilden; sie befanden sich ja in zwei Erdteilen im Kriegseinsatz: Europa und Asien. Doch 500 Hunde unter Zeitdruck auszubilden, die zum Teil in Privathaushalten mehr als verwöhnt worden waren, war eine kaum lösbare Aufgabe. Auch mussten diese Hunde, kaum gründlich ausgebildet, vor ihrem ersten Einsatz in einer langen Reise nach Europa oder in diesem Fall nach Nordafrika verschifft werden! Es ging nach Algerien, danach, denn der Vormarsch in den „weichen Unterleib" von Hitlers Europa klappte schneller als gedacht, hinüber nach Italien. Die Such- und Findergebnisse ließen zu wünschen übrig: Wenn diese Hunde, die man zu Hause nicht an den Kriegslärm gewöhnt hatte, 30% der Minen fanden, war das wenig befriedigend und sehr ernüchternd.

Minenfelder wurden vornehmlich, das war allgemein üblich, von sich verteidigenden oder sich zurückziehenden Truppen gelegt. So wurden die Deutschen darin seit 1943 und 1944 große Meister, denn Hitlers Soldaten, einst die Meister des vorwärtsstürmenden Blitzkrieges, waren nur noch mit Rückzügen beschäftigt. Eine Einheit britischer Minensuchhunde wurde nach der Invasion Frankreichs in Holland eingesetzt, das die Deutschen mit Minen regelrecht verseucht hatten. Britische Suchhunde waren so trainiert und diszipliniert, dass sie sich bei der Entdeckung einer Mine auf die Keulen setzten und sie so ihren Führern anzeigten.

Aus diesem Kampfgebiet des allmählich ausklingenden Krieges ist ein deutscher Schäferhund in „alliierten Diensten“ namens Khan für die Briten (oder Engländer, hier Schotten) unvergesslich geworden. Der Vorfall zeigt, wie eng verflochten das Verhältnis Mensch zu Hund in Notfällen sein kann und dass Hunde, was ihr über alles geliebtes Herrchen betrifft, „tatsächlich menschliche Gedankengänge entwickeln können“. Khan landete mit seinem Herrchen im November 1944 im Mündungsgebiet der Schelde, das, für den Nachrichtendienst der Alliierten überraschend, von starken deutschen Truppen verteidigt wurde. Diese hartnäckigen Kämpfe, welche den Kanadiern bisher ungeahnte Verluste einbrachten, begannen mit der Landung von See her, wo vollbesetzte Landungsboote von den Deutschen scharf beschossen werden konnten. Korporal Muldoon hatte sich mit seinem Khan, ein schon früher bewährter Minensuchhund, eingeschifft, um sogleich nach der Landung mit der Minensuche beginnen zu können.

Die Beiden kenterten mit dem Landungsboot und bei Seenot, das ist doch klar, kann jeder nur an sich selbst denken. Khan schwamm sofort an Land, schüttelte das eiskalte Wasser ab und hielt Ausschau nach seinem Herrn – nichts zu sehen, im Gefechtslärm hätte ein menschliches Ohr auch wohl nichts vernommen, keinen noch so hallenden Hilferuf. Doch Khan hörte Muldoons Rufe, der, - auch das kam im Krieg vor -, nicht schwimmen konnte. Ohne zu überlegen stürmte Khan ins Wasser zurück, der fast Ertrinkende konnte sich an ihm festhalten und sie erreichten das vorerst rettende Ufer. Mit Orden und anderen preiswerten Auszeichnungen waren die Engländer nie kleinlich: Khan wurde mit der Dickin-Medaille ausgezeichnet...

Spürhunde im Dienst

Ein Lexikon schreibt zum Stichwort „Spürhunde“:

„Ein Spürhund ist ein Hund, der zur speziellen Geruchserkennung und Geruchsverfolgung für bestimmte Aufgaben ausgebildet ist.“
Diese Hunde stammten in der hier angesprochenen Zeit fast immer aus Polizeidiensten und waren „mit Mann und Maus“ zum Kriegsdienst eingezogen worden. Erinnern wir uns daran, dass ein Mann wie Heinrich Himmler die Macht und das Recht hatte, ganze noch aus der Weimarer Zeit stammende Polizeikompanien mitsamt ihren Hunden in die Bewachung der Konzentrationslager einzugliedern.

Dem hatte sich Polizeileutnant Martin Gerleve, gemeinsam mit Heiko von der Aa, nasenfeiner und äußerst gehorsamer Rottweiler, entziehen können. Ein Gespann wie Martin und Heiko war geradezu prädestiniert, Spionen, Widerständlern, Kriegsdienstverweigerern und Deserteuren auf die Spur zu kommen. Es war in den Anfängen der französischen Resistance, und noch ging es, wie nach 1943, dort nicht so blutig und fanatisch zu wie später. In der Nähe einer Kanalbrücke, die gesprengt worden war, fand sich eine schwarze Baskenmütze – kein eindeutiges Indiz natürlich, konnte aber ein Verlust des Täters sein. Leutnant Gerleve ließ Heiko eine Nase voll Duft aufnehmen, Pomadengeruch war dabei und feine Einzelheiten, die keine Menschennase registrieren konnte.

Heiko schaute seinen Herrn eine Minute lang an, was soviel heißen sollte wie „wir können loslegen“. Also legten sie los, Heiko, Martin und der Sicherungstrupp von fünf Mann. Heiko schlug seinen Suchkreis und blieb auf einem Sandweg stehen, der schnurstracks auf einen Bauernhof in einem Kilometer Entfernung zulief. Einer der Männer nahm sein Fernglas ans Auge und berichtete:

„Sie haben einen Trauerfall dort, ein schwarzer Wagen mit einem Sarg drauf und mit zwei schwarzen Pferden bespannt steht vorm Haus, sie wollen wohl zum Friedhof aufbrechen."
„Wir wollen hingehen und unser Beileid bekunden", befahl Martin.
Er nahm nun Heiko an die lange Leine, der die komplette Mannschaft auf den Hof führte, diesen suchend umrundete und unter dem Trauerwagen stehenblieb. Niemand sah das Zeichen, das er seinem Herrn gab, den erhobenen aber nicht sich bewegenden Schwanz nämlich, was auf altgriechisch „Heureka" bedeutete aber auf deutsch „ich hab's gefunden" heißt.

Den Deutschen war schon die merkwürdige Stimmung der illustren Trauergesellschaft aufgefallen. Leutnant Gerleve ließ sie einkreisen, rief Heiko bei Fuß und befahl dem Kutscher abzusteigen und den Sarg zu öffnen. Der tat dies, warf sich aber auf die Erde, worauf alle weiblichen Teilnehmer der Gesellschaft aufkreischten und sich zu Boden fallen ließen; die Männer taten dies lautlos. Und der Leutnant befahl ebenfalls „hinlegen!" Da zerriss eine Explosion den Sarg, so dass der Deckel aufflog und ein Mann zum Vorschein kam, der kein Mann, überhaupt kein Mensch mehr war...

Das war Heikos erste Heldentat im Krieg. Er konnte, wie jeder echte Spürhund, eine Spur aufnehmen, die ein, zwei oder auch vier Tage alt war, je nach Wetterlage und der allgemeinen Umstände. Er wurde nie verdrießlich wie viele andere Spürhunde. Verdrießlich war auch Gerleves Vorgesetzter, der ihm eröffnen musste, er und Heiko seien zu

einer KZ-Wachmannschaft versetzt worden. Gerleve antwortete:
„Ich verweigere den Befehl! Lieber nach Russland gegen die Partisanen."
Dann ließ er durchblicken, Heiko zu erschießen und selbst ins KZ zu gehen, aber es sei doch besser, seine und Heikos Talente für den Endsieg einzusetzen. Er kam noch einmal davon...

In Russland fing es ähnlich an, wie es in Frankreich angefangen hatte: Ein Partisan war fast gestellt worden, aber um einen Schuss breit entkommen. Auch er hatte etwas verloren, nämlich sein Schneuztuch voller harten Schnott und getrockneter Spucke. Heiko jubelte förmlich auf, als man ihm das Tuch präsentierte. Er liebte es, statt russische Kaninchen, ukrainische Hasen und cholchische Schwarzmeerfasane aufzustöbern, Menschen zu stellen und dafür Belohnungen zu kassieren. Herrchens Befehl „Such!" war immer der Beginn eines lustigen Abenteuers – nur wenn Hunde „Lust haben", leisten sie auch etwas.
„Der Partisan steckt in einer dieser Hütten."
„Dann stecken wir doch alle an und räuchern ihn aus!"
Weil dieses Dorf viele Hilfswillige stellte, ohne die eine kämpfende Einheit nicht auskommen konnte, verzichtete man vorläufig auf bloße Gewalt. So ließ man die Bevölkerung antreten und gab ihr Gelegenheit, den Täter zu nennen und auszuliefern. Heiko zerrte derweil an der Leine und wollte Spur aufnehmen. Drei seiner vierbeinigen Kollegen, echte Packhunde, wie sie früher in den US-Südstaaten gegen schwarze Sklaven eingesetzt wurden, und begierig auf einen Einsatz – auch diese Tiere sehen es als Spiel an, einen Menschen zu Boden zu reißen.

Leutnant Gerleve benutzte „seinen“ Trick, Heiko nicht vor, sondern hinter den angetretenen Russen kontrollieren zu lassen, nachdem er ihm noch einmal das Asservat, das Schneuztuch nämlich, an die Nase gedrückt hatte. Zitternd vor Angst stand die Dorfbevölkerung, alle männlichen und weiblichen Personen ab zehn Jahren, vor den deutschen Hunden und Soldaten, während hinter ihnen Heiko im Schutz seines Herrn und dreier Infanteristen patroullierte. Hinter einer Frau hielt er an und schaute seinem Herrn in die Augen und signalisierte „das isser!“ Was wusste er von Verkleidungen, mit denen Menschen einen Mann in eine Frau verwandeln können...

Hier können nicht alle Taten aufgezählt werden, welche Heiko während des Krieges vollbrachte. Nur eine noch: die er im Heimaturlaub mit Herrchen erlebte. Es war Ende Oktober 1944, als Heikos Herrchen noch einmal Urlaub bekam, denn die Militärverwaltung tat, „als wenn alles in Butter wäre“ – doch in Büsbach bei Stolberg konnte man dem Feind, vorwiegend Amerikaner, schon beim Baden, Mittagessen und Wasserlassen zusehen. Als der amerikanische Co-Pilot aus der brennenden Maschine ausstieg und per Fallschirm der Erde zusegelte, konnte er sich Hoffnung machen, zu seinen eigenen Kameraden in Aachen abgetrieben zu werden. Er wurde von vielen Augenpaaren beobachtet, auch Leutnant Gerleve und Heiko waren darunter, und es fielen schon hasserfüllte Kommentare wie „den knüpfen wir auf“ und „Terrorflieger gehören erschossen“. Gerleve wollte antworten, aber aus Gründen der eigenen Sicherheit, - NS-Standgerichte arbeiteten überall an der Heimatfront -, sagte er nicht „wer lyncht, wird von den Siegern unweigerlich zum Tod verurteilt“.

Der Pilot am Fallschirm, es war Sergeant William Holder aus Texas, wurde vom Westwind über deutschem Gebiet gehalten und landete in einem Waldstück westlich von Büsbach. Leutnant Gerleve musste sich erst von seiner Diensstelle die Erlaubnis einholen, mit Heiko die Suche nach dem Piloten aufzunehmen. Dadurch bekam Holder Zeit, sich vom Fallschirm freizumachen und sich sofort westwärts in die Büsche zu schlagen, um dann nachts den Versuch zu wagen, die eigenen Linien bei Aachen zu erreichen. Während er losging und versuchte, keine Spuren zu hinterlassen, überlegte er: Entweder also seine Landsleute erreichen und dabei „auf der Flucht erschossen werden" oder „in Kriegsgefangenschaft gehen". Die amerikanische Propaganda belog schon seit Monaten ihr fliegendes Personal, „in deutschen Lagern wird niemand überleben". (Dabei wussten die Verantwortlichen genau, dass Hermann Göring befohlen hatte, gefangenes Fliegerpersonal den internationalen Richtlinien entsprechend zu behandeln.)

Schon eine Stunde nach Holders Landung war Leutnant Gerleve mit Heiko an Ort und Stelle. Am Fallschirm nahm Heiko eine Minute lang die Witterung auf, gründlich wie er immer war, und zog auf das Kommando „Such ihn" mit der Nase am Boden los. „Dieser Pilot", dachte Gerleve in den nächsten zehn Minuten, „scheint ein Westmann frei nach Old Shatterhand zu sein", denn er nutzte ein Rinnsal zum Richtungswechsel, war über gestürzte Bäume längs gelaufen und hatte Siebenmeilensprünge gemacht, um etwaige Suchhunde irrezuführen - er kannte Heiko ja noch nicht. Heiko, der zu lange schon nicht mehr richtig gespürt hatte, jauchzte plötzlich auf, preschte in eine Fichtendi-

ckung und schlug wie ein richtiger Jagdhund, der den wilden Keiler gestellt hat, hellauf an.
„Sir“, rief Gerleve auf englisch in die Bäume, „geben Sie auf und lassen Sie sich nicht erschießen!“
Noch keine Antwort!
„Sir“, mahnte der Leutnant, „ich bin Polizeibeamter und nehme Sie ordnungsgemäß gefangen.“
Ein Rascheln im Gebüsch als Antwort, mit Heiko auf den Fersen und erhobenen Armen trat William Holder unter den Fichten hervor und seine Gefangenschaft bis zum 9. Mai 1945 an. Aus seiner Eisernen Ration holte er eine Packung Zigaretten und ein Maisbrot hervor, und während die Männer rauchten, schlug Heiko seine Zähne ins pappweiche Brot und blinzelte den Gefangegen vertraulich an – ein Bild des Friedens und der Völkerverständigung mitten im Krieg...

Schlittenhunde und Transporthunde

Basierend auf den allseits guten Erfahrungen mit Transporthunden war die Wehrmacht bereit, es auch ab 1940 wieder mit diesen Vierbeinern zu versuchen. Doch in der Praxis wurde daraus erst einmal nichts: Hitlers Versprechen eines kurzen Krieges schien in Erfüllung zu gehen, nachdem Polen vor und Frankreich nach einem Winter niedergeworfen wurden. Da konnte von Hilfe und Mitarbeit an wintertauglichen Hunden keine Rede mehr sein.

Was Hitler insgeheim geahnt hat und seine Militärs offen befürchtet haben: Russland brach nicht bis Winteranfang 1941 zusammen! Voller Groll schrieb Kompaniechef Bert Schreiber, der mit seinen Männern „den Kreml sozusagen im Blickfeld hatte, wenn die Wintersonne einmal schien“, an seine vorgesetzte Stelle Anfang Dezember 1941:

„Meine Männer sehen in ihren Gläsern drüben, wie weißverkleidete Rotarmisten ihre Verwundeten auf Schlitten laden, die mit vier oder sechs Hunden bespannt sind und in einer geschätzten Stundengeschwindigkeit von fünfzehn Kilometern durch die Schneelandschft nach hinten zu ihren Verbandsplätzen fetzen – meine Verwundeten erfrieren, weil wir sie nicht nach hinten schaffen können.“

Der Deutsche Franz Müller, der schon im ersten Krieg Hundefachmann Nummer Eins gewesen war, bildete um diese Zeit bereits Schlittenhunde aus, welche die von Hauptmann Schreiber geschätzte Geschwindigkeit im winterlichen Schlittenziehen noch um zwei bis drei Stundenkilometer übertrafen. Die zu einer Troika vereinigten Hunde sollen dabei fünf und mehr Zentner geschleppt haben.

„Ein verwundeter Soldat“, stellte Müller zur Diskussion, *„wiegt im Durchschnitt eineinhalb Zentner. Spannt man nun sechs Hunde vor, kann ein solcher Schlitten auf einen Schlag ein halbes Dutzend Verwundeter nach hinten schaffen.“*

Noch gar nicht gerechnet war, dass ein Schlitten auf dem Hinweg eine Menge Material wie Munition und Verpflegung heranschaffen konnte. Denn auch am Nachschub fehlte es in diesem ersten Russlandwinter an allen Ecken und Enden.

Hauptmann Schreiber wollte lieber handeln als schreiben: Er beantragte einen nächtlichen Stoßtrupp „zum Stellen und Einfangen einer kompletten russischen Schlittenausrüstung“. Fünfundzwanzig noch einsatzfähige Männer der Kompanie standen bereit, am Abend aufzubrechen „um die dann schlafenden Russkis zu überraschen“, - da begann der erste allgemeine Rückzug der bis dahin siegreichen deutschen Armee!

Sanitätshunde, Suchhunde und Schlittenhunde arbeiteten zusammen, als es um die Rettung oder Bergung deutscher Verwundeter im nördlichen Baltikum 1942 ging. Eine „Warmwetterzone“ mit nur acht Grad Minus war eingezogen, so dass Hoffnung bestand, die Verwundeten des letzten Nachmittagsgefechts könnten lebend geborgen werden. Sanitätshund Tina, ein Dobermann-Mischling, und Suchhund Felix, ein lebhafter Foxterrier, hatten schon Erfahrung in Eis und Schnee, die vier Schlittenhunde, die zum Abtransport bereitstanden, waren russische Beutehunde und ihr Schlitten, ein Modell aus der Tundra, war ebenfalls erbeutet worden. Man hatte die verwundeten Grenadiere schon aufgegeben, als die Meldung kam, der Feind habe nicht nachgestoßen und sich auf seine vorigen Linien zurückgezogen. Jetzt kam’s drauf an, vor Einbruch der Nacht die Kameraden herauszuholen.
„Wir hatten uns in einer Igelstellung“, berichtete später Obergefreiter Egon Schwarzer, *„zusammengerollt, mit den leichter Verwundeten, die noch schießem konnten, nach außen, die schweren Fälle nach innen, und alles Wärmende über uns ausgebreitet. Am meisten Angst hatten wir vor Wölfen, die des Nachts wohl kommen würden, wenn sie woanders nicht tote Menschen finden würden. Da hörten wir schon einen hecheln, er trabte heran und verhoffte vor dieser komischen Ansammlung von Menschen. ‚Nicht schießen’ befahl ich einem Kameraden, ‚das ist ein Hund und kein Wolf’. Ich bot ihm einen meiner Handschuhe an, er schnappte ihn und kehrte schleunigst zurück, ‚hoffentlich war er ein Sanitätshund’, sagte ich laut.“*

Dann hörten sie Gebell, der Hund kam mit seinem Führer zurück, ein zweiter Hund umkreiste die frierende Gesellschaft und der Schlitten mit den Hunden davor und die Mannschaft seitlich, teilweise auf Skiern, folgte. Dieses gefährliche Frontabenteuer mit der glücklichen Rettung musste Egon Schwarzer später, ab 1946, zu Hause immer wieder erzählen. Er tat es gern, wenn er dabei den Kopf seines Schäferhundes Flexi streicheln durfte – der zwar in Russland nicht dabeigewesen war, ihn aber immer wieder daran erinnerte, welchem Tier er sein Leben zu verdanken hatte.

(Der folgende Bericht wurde sinngemäß von einem Korrespondeten des Völkischen Beobachters verfasst aber nicht veröffentlicht!) Eine zweite derartige Expedition zur Rettung Vermisster und Verwundeter, an der Schlittenhunde mitbeteiligt waren und die uns bekanntgeworden ist, verlief dramatischer. Sie spielte weiter südlich im mittleren Abschnitt der Russlandfront im Januar 1943, als das Drama von Stalingrad die ganze lange Frontlinie von Finnland bis zum Schwarzen Meer erschüttert hatte. Wieder galt es, Verwundete aus dem Kampfgebiet zu bergen. Und zwar klappte das Problem Schlittenhunde bei den Deutschen schon viel besser. Auf dem Darß an der Ostsee ausgebildete Hunde waren mehr durchtrainiert und hatten eine sehr gründliche Ausbildung erhalten; die Hunde vor allem, alles starke Rassen wie Neufundländer, Bergschäferhunde und Bernhardiner mit hoher Ausdauer, Einsatzbereitschaft und Stehvermögen bei Knallereien in Nahkämpfen und bei Stalinorgel-Beschuss.

Zwei große Rennschlitten, schon nach hoher Gleitfähigkeit ausgerüstet und mit sechs Hunden bestückt, standen zur Verfügung. Der Wetterbericht warnte vor starkem Schneefall, als die Meldung hereinkam, fünf Schwerverwundete seien aus einem Waldstück zu bergen, das die Russen offensichtlich geräumt hätten. Die ausgeruhten Hunde legten ein Tempo vor, das die Skifahrer nicht einhalten konnten, so preschte der Schlitten voraus. Zwei Packhunde, die schon manchen russischen Soldaten zur Ergebung „überredet“ hatten, folgten dem Schlitten. Die Bergung der Verwundeten gelang ohne Schwierigkeiten, aber kaum waren diese auf dem Schlitten verstaut und die Hunde hatten angezogen, als ein Schneesturm losbrach, den die Deutschen noch nie erlebt hatten und sich nie hätten vorstellen können; sie kommen außer in Russland in Nordamerika, Alaska, Grönland und an den Polen der Erde vor. Die Soldaten hinterm Schlitten konnten die Hunde vorne nicht mehr sehen, es war ganz unmöglich, den richtigen Kurs zu halten. Die Hunde weigerten sich weiterzugehen, setzten sich auf die Keulen und heulten erbärmlich ihre Verwandten der Urzeit an, die Wölfe – diese antworteten aber nicht.

Und das Ende dieser Tragödie? Es offenbarte sich erst mit dem nach drei Tagen einsetzenden Tauwetter. Da fanden die Suchtrupps einen großen, unnatürlich wirkenden Schneehaufen. Er beeinhaltete die vermissten Menschen, Hunde und den besetzten Schlitten. Alle Lebewesen waren hartgefroren und mussten mit Äxten und Sägen voneinander getrennt werden und tauten erst auf, als sie wieder ihre Ausgangsstellung erreicht hatten.

(Kein Wunder, dass der Völkische Beobachter, ein extremes Naziblatt, diese Geschichte nicht veröffentlichen mochte!)

Eine ungewöhnliche Hunde-Rettungsaktion, von der die deutsche Bevölkerung ebenfalls nichts erfuhr, denn sie war auch eine Rückzugsaktion, fand am 17. Juni 1943 im hohen Norden statt. Ein deutsches Flugboot landete auf dem Eis vor der grönländischen Insel Sabine, um die überlebenden Angehörigen einer Wetterstation aufzunehmen. Diese Station hatte die Aufgabe, der deutschen U-Bootführung in Frankreich Wetterdaten über den Nordatlantik zu liefern, die wiederum den dort aktiven U-Booten übermittelt wurden. Die Alliierten hatten die Station nun aufgehoben und deren Personal musste gerettet werden. So wurden auch die zahlreichen Schlittenhunde, überwiegend die dort aklimatisierten Eskimohunde, welche die Station beweglich gehalten hatten, nach Deutschland mitgenommen. Sie fanden in einem der Kriegmarine zugehörigem Ausbildungslager im schlesischen Riesengebirge Aufnahme.

Für Kenner der Materie mehr oder weniger überraschend ist die Tatsache, dass die Nordamerikaner sich in diesem Materialkrieg für Schlittenhunde hauptsächlich für Transporthunde interessierten. Fünfzig Tiere standen bei Ausbruch des Krieges zur Verfügung. In einem Ausbildungslager in Montana sollen mehr als tausend Pack- und Schlittenhunde ausgebildet worden sein. Das Nordpolargebiet war für die Amerikaner von großer militärischer Bedeutung, weil sie die Verpflichtung auf sich genommen hatten, die Sowjetunion in diesem Gebiet mit Nachschub zur See und aus der Luft zu unterstützen. Es wurde ein Team aufgebaut, das so genannte Air Transport Command, welches mit Hundeschlitten und vorgespannten Huskies abgestürzte Piloten und an Land geratene Matrosen der Kriegs- und Versorgungsschiffe suchen und retten sollte.

Als die amerikanischen Streikräfte im Winter 1944/1945 in der Eifel noch einmal in Not gerieten und nicht wussten, wie sie ihre Verwundeten vor den anrückenden Deutschen in Sicherheit bringen sollten, kamen noch einmal Schlitten- und Transporthunde zur Sprache. Zu spät: Als sie von Kanada und den Staaten her in Frankreich eintrafen, war Hitlers letzte Offensive, eine Verzweiflungstat, schon zusammengebrochen.

Der Autor berichtet aus eigenem Erleben von einem Wochenschaufilm, der 1943 in den Kinos gezeigt wurde. Er tönte in dramatischer Sprache und dröhnender Begleitmusik von den Leistungen der Schlittenhunde an der Ostfront. Natürlich ging es darum, dass der deutschen Mannschaft und ihren Schlittenhunden kein russischer (hier sowjetischer) Verfolger etwas anhaben konnte. Die Szenen zeigten einen sechsfach angespannten Schlitten, der dringend Munition in eine deutsche Stellung zu bringen hatte, weil andere Transportmittel wegen des tiefen Schnees ausfielen. Dem Schlitten folgten mehrere Skiläufer, die mühelos Schritt hielten, sich aber immer wieder nach etwaigen Verfolgern umschauten.

Diese wurden im Bildschnitt vorgestellt: Wilde Gesellen asiatischen Zuschnitts, die barbarisch auf ihre Panjepferde einpeitschten, um die Deutschen doch noch einzuholen und niederzumachen. Diese wurden im nächsten Schnitt gezeigt, wie sie eilig ein paar Minen in den Weg legten und mit Schnee unsichtbar machten. Das Publikum im Kino hielt den Atem an, als sich im wieder nächsten Bildschnitt der russische Skifahrertrupp dieser Stelle näherte, während die Deutschen in einer Schneewolke links im Bild verschwanden.

Nun kam's, wie's kommen musste: Die Verfolger merkten von der Manipulation des Weges nichts und ritten prompt in die Minenfalle hinein. Ein Krachen und Bersten, Menschen und Pferde flogen durch die Luft, niemand überlebte – und das Publikum tobte vor Begeisterung und klatschte Beifall. Es lachte auch noch, als Nahaufnahmen die Toten, die zweifellos echt waren, in ihren Verkrümmungen und tödlichen Verwundungen zeigten. Niemandem schien klar zu sein, dass die Szenen gestellt waren. Sie waren es natürlich, aber echt waren die Toten. Nach dem Krieg berichtete der Kameramann, dass man russische Kriegsgefangene mit dem Argument gelockt hatte, „es würden ja alles gestellte Aufnahmen werden, wie in der Filmbranche üblich" – man hatte ihren Tod bewusst in Kauf genommen...

Nachrichtenhunde. Sie galten natürlich bei Beginn des Zweiten Weltkriegs als veraltet. Denn gut arbeitende Funkgeräte hatten sie ins Abseits gedrängt und die langen Stellungskämpfe des vorigen Krieges gab es im Prinzip kaum noch. Im europäischen Krieg funktionierten diese Geräte durchweg ausgezeichnet, aber in Amerikas tropischem Asienkrieg sah das ganz anders aus: Hitze, Nässe und Luftfeuchtigkeit setzten ihnen so zu, dass die US-Streitkräfte sich endlich ihrer vielen tüchtigen Hunde erinnerten. So kommt es, dass wir von diesem uns fernen Kriegsschauplatz, den wir im großen und ganzen stark vernachlässigt und unbeachtet gelassen haben, Geschichten einiger Nachrichtenhunde kennen, die sehr lesens- und erwähnenswert sind. Sie ähneln den klassischen Geschehnissen des ersten Krieges so auffallend, als wären sie nicht fünfundzwanzig Jahre jünger! Neu war auch die amerikanische Taktik auf beiden Kriegsschauplätzen, vorrangig Menschenleben zu schonen und stattdessen das Material im Überfluss einzusetzen. Dazu hier der Bericht eines deutschen Hundeführers, welcher mit seinem Wach- und Nachrichtenhund Alfons gegen Ausgang des Krieges in Deutschland am rechten mittleren Rheinufer Nachtwache schob und das gute Gehör Alfons' nutzte, der jeden heimlichen Flussübergang des Feindes „todsicher" heraushören würde:

„Unruhe herrschte schon, das muss ich sagen, und Angst auch, denn viele meiner Kameraden hatten die Schnauzen voll von einem Krieg, der längst verloren war, und einige von ihnen lagen in Heimatnähe – doch mit Desertieren war nichts: Erst kürzlich hatten Standgerichte zwei Gefreite und einen Leutnant samt dessen Maskottchen Struppi, ein Terrier, der nicht gebellt hatte, als ein kanadischer Stoßtrupp sich näherte, nach nur minutenlanger Verhandlung standrechtlich erschossen. Plötzlich fingen zweihundert Meter stromauf ein paar Wachhunde an zu bellen, und schon setzte die benachbarte Artillerie ein Dutzend Schüsse, - sie musste ja mit Munition sparen -, in den Fluss, dass es nur so klatschte. Das hätte sie nicht tun sollen..."

Denn, so berichtet der Hundeführer weiter, eine von deutschen Soldaten aller Ränge nicht für möglich gehaltene Artillerie-Orgie brach über sie herein, so wie im ersten Krieg die tagelangen Trommelfeuer eröffnet wurden. Sie, diese wahre Orgie, dauerte nur eine Viertelstunde und sollte den Deutschen wohl signalisieren:

„Mit uns ist nicht zu spaßen – wir haben Munition genug!"

Soviel zur amerikanischen Strategie, mit der Übermacht toten Materials eigenes Leben zu schonen, eine Methode, welche auch die Japaner leidvoll zu spüren bekamen.

Da waren zum Beispiel der schwarze Schäferhund Sandy und sein Führer und Herrchen Sergeant Brown, der von seinem Chef eine schriftliche Nachricht ausgehändigt bekam, die Sandy zur rückwärtigen Stellung der schweren Artillerie bringen sollte. Sandy kannte überhaupt keine Furcht vor einschlagenden und explodierenden Granaten, wich Einschlägen aus, unterlief und verbellte sie wütend. Am ihm bekannten Zielort war sein zweites Herrchen, - wir erinnern uns, dass jeder Nachrichten- oder Meldehund zwei Bezugspersonen haben musste -, nicht mehr vorhanden, weil es einen Stellungswechsel gegeben hatte. Nun zeigte Sandy, dass er Wege nicht nur dank seines Erinnerungsvermögens finden, sondern auch wie alle „Raubtiere" sein Ziel per Geruchssinn aufspüren konnte. Er folgte der noch frischen Spur und stolperte Herrchen Zwei sozusagen vor die Füße, der sich zum Schutz vor japanischen Granaten im Graben geduckt hatte. Die Meldung um Feuerschutz war also überbracht, welche die örtliche Stellung der Japaner bezeichnete und diese wurden nun „eingedeckt" – wie jeder Landser es zu formulieren wusste.

Wie sich die Bilder gleichen und es die Duplizität der Ereignisse gibt! Zwei Kriegsereignisse mit einem zwei- und einem vierbeinigen Teilnehmer sollen das beweisen. 1917: Der Vater des Autors erhielt in Frankreich einen Schuss in die Brust, der, wäre er ein Volltreffer gewesen, diesen Bericht hier verhindert hätte. Abtransport ins Feldlazarett, von da in die Heimat als hoffnungsloser Fall: Das Geschoss, noch auf Röntgenbildern von 1960 gut zu erkennen, steckte ein Zentimeter neben dem Herzen. Die Ärzte wagten keine Operation und und gaben eine Lebenserwartung von zwei bis drei Jahren.

Ähnlich, und hier ist die Duplizität, erging es Nachrichtenhund Gajus-Caesar II, auf den japanische Scharfschützen 1943 Jagd machten, weil er wichtige Nachrichten durch Hin- und Rückläufe überbrachte. Sein Meister fand ihn schwerverwundet nach einem Gefecht und brachte ihn zum Sanitätsposten seiner Einheit. Die Untersuchung ergab, dass eine Kugel so nahe am Herzen steckte, dass auch hier eine Operation nicht gewagt wurde. Aber der Arzt meinte, Caesar sei robust und könnte überleben. So trug auch er eine Gewehrkugel, die ja nicht die Form einer Kugel besitzt, ein Hundeleben lang mit sich herum...

Wenn auch die Leistungen der Hunde im Zweiten Weltkrieg nicht geschmälert werden sollten, besonders die der Schlittenhunde zum Transport Verwundeter nicht, so muss doch festgestellt werden, dass nicht viel für die Gesamtheit des Krieges dabei herausgekommen ist und dass man den Einsatzwillen und die Energie der abkommandierten Männer besser hätte nutzen können. Aber bekanntlich ist der Mensch „nachher“ stets schlauer als „vorher“ und er hatte in beiden Kriegen Gelegenheit, die Psyche seiner Hunde richtig kennenzulernen.

Hunde als Kriegshelden

Wir beginnen mit einer Wolfshündin namens Baska, eine Ausnahmeerscheinung unter den vierbeinigen Helden des Zweiten Weltkriegs. Sie war ursprünglich als Maskottchen zu einer Einheit der Ostfront gekommen, entwickelte sich aber unter den rauen Verhältnissen dort zu einer kompromisslosen und unerschrockenen Kampfhündin. Wieso ihr Herr und Meister, der in diesem Bericht unerkannt bleiben möchte, den wir aber Meyer Zwo nennen wollen, sie „plötzlich an meiner Seite hatte“, blieb unbekannt, auch, woher sie kam, ob sie eine Russin war oder von einem abgebrannten Bauernhof stammte, niemand wusste es. Vielleicht, argumentierte ihr neuer Herr, riecht sie an meiner Haut und Kleidung, an Stiefeln oder Händen, dass ich ein alter Hundebesitzer bin, der erst vor kurzem einen Hund namens Baska durch eine Minenexplosion verloren hat.

„Mancher herrenlos gewordene einheimische Hund“, berichtet Oberleutnant Wolfgang Teepe, *„hat bei unserer Kompanie Anschluss gesucht und uns für ungeeignet befunden, sein Herr und Meister zu werden. Einige füllten ihre leeren Mägen und trollten sich dann, andere beschnüffelten jede erreichbare Person, nahmen Liebesgaben an und empfahlen sich dann ohne Dank.“*

Als die interessierten Männer der Kompanie darüber berieten, wie man den Neuzugang nennen sollte, fielen alle möglichen Hundenamen, welche die deutsche Sprache aufzuweisen hat, aber die hellhörige Baska reagierte erst durch Ohrenspitzen und Erkennungsgeheul, als ihr künftiger Herr das Wort ergriff:

„Wenn sie mich als ihren Meister annehmen möchte, würde ich sie fortan Baska II. nennen, natürlich ohne den Namenszusatz des letzten deutschen Kaisers.“

Baska machte einen Freudenluftsprung von zwei Metern Höhe und legte sich ihrem neuen Herrn zu Füßen. Sie war ihm später so treu ergeben, dass sie ihm nie von der Seite wich und alle Einsätze von Leningrad bis Ostpreußen mitmachte: Stoßtruppunternehmen, Aktionen hinter der russischen Front, Fallschirmabsprünge, Sabotageakte, Einbringen von Gefangenen und Bewachung derselben. Baska wurde offiziell in den Listen geführt, weil sie ihre Eignung als Kriegshund schon in den ersten Einsätzen bewiesen hatte; somit war sie ein echter Soldat. Alle echten Maskott-

chen pflegten bei Einsätzen ihrer Herrchen hinten zu bleiben – Baska war nicht zu halten, wenn ihr Meister im Zuge einer Angriffshandlung vorgehen musste: Sie ging im wahren Sinn des Wortes „vor", ließ also ihren Herrn hinter sich, bewachte ihn, schaute sich gelegentlich um und war doch hellwach, wenn plötzlich Feinde auftauchten.
„Baska", schrieb ein Korrespondent von „Der Angriff", eine SS-Soldaten-Zeitschrift über sie, *„hat eine Aversion gegen russische Soldaten, wenn sie ihre typischen Uniformen tragen. Keiner ihrer Kameraden kann aussagen, warum das so ist. Wir haben einen Kynologen gefragt und er antwortete, dass Baska ein russischer oder baltischer Hund sein müsste, der von seinem früheren Herrn oder von Mitgliedern seiner früheren Einheit nicht gut behandelt oder gar gequält worden sei. Alle besonders feinfühligen und nervigen Hunde neigen zu Überspitzungen, sowohl im Treue- wie auch im Hassgefühl...*

Es ging wieder einmal voran, wenn auch die Zeit der großen deutschen Offensiven längst vorbei war, zu Gegenangriffen reichte es noch. Baska trabte locker voran und sah den Rotarmisten eher als sein Chef, kannte aber natürlich die weltbekannte Geste des Ergebens nicht, im Gegenteil, die hocherhobenen Arme sah sie als Aggression an. Im gewaltigen Ansprung riss sie den Soldaten zu Boden und zerbiss ihm die Kehle. Nach Aussagen ihrer Einheit hätte niemand diese hündische Untat verhindern können. Aber Baskas Herr hütete sich, ihr eine Standpauke zu halten, lobte sie allerdings, wie sie wohl erwartet hatte, auch nicht und es gab auch kein Leckerli in Form von Hartzwieback.

Harter und trockener Hartzwieback, vielleicht noch von russischen Käfern durchsetzt, war über Tag, bevor es abends oder nachts richtiges Essen gab, Baskas Leibspeise. Er krachte so herrlich zwischen den Zähnen wie Knochen eines Handgelenks, das sie dem nächsten Rotarmisten, der auf sie schießen wollte, in einem Rutsch zerbiss. Manche Kameraden nannten Baska inzwischen „eine Bestie“ und verkannten dabei, dass ihre Stärke nicht in der körperlichen Stärke sondern in einer Sensibilität ihrer überragenden Fähigkeiten im Hören, Sehen und Riechen bestand.

Diese Fähigkeiten retteten den kritisierenden Soldaten mehr als einmal Leben und Freiheit. Bei vielen kleineren Sabotageeinsätzen ließ man Baska jetzt stets den Vortritt, es ging durch einsame stille russische Moore und Sümpfe, die nur selten einsam waren. Aber Baska roch jeden lauernden oder wartenden Feind, mochte der noch so behutsam den Sicherungshebel seines Gewehrs umlegen, sich seine Machorka-Zigarette anzünden oder seine dringende Notdurft so mucksmäuschenstill wie überhaupt nur möglich verrichten: Ein Pup, dessen Duft der Ostwind hertrieb, ließ Baska zu Eis erstarren, aber sie hatte den Befehl Herrchens verstanden, nicht „auf eigene Faust“ anzugreifen.

Niemals wurde Baskas Einheit vom Feind überrascht. Ihre Spezialität blieb weiterhin das Ausschalten gegnerischer Vorposten und Wächter: Ehe diese den Schnee knirschen, das Laub rascheln hörten oder eine Bewegung der Grashalme wahrgenommen hatten, hatten sie Baska im Nacken oder am Hals.

„Weil sie zu unserer Einheit gehört wie jedermann von uns“, schlug der Kompaniechef vor, „sollten wir sie zu einem Melde- und Nachrichtenhund ausbilden lassen.“

Das war eine gute und außerdem lebensrettende Idee! Die Ausbildung dauerte bei diesem begriffsfähigen Hund nur eine Woche: Erster Meister blieb Herrchen, natürlich, anders hätte es gar nicht laufen können, und zweiter wurde aus praktischen Gründen der Kompaniechef selbst.

Nur drei Wochen später mitten in kalter Russlandnacht. Ein Zug der Kompanie wurde, aller Vorsicht zum Trotz, vom Feind eingeschlossen. Zwar großräumig nur, aber beim Hellwerden würden die Männer gewiss überwältigt werden. Da begann Baskas erster Einsatz als Meldehund. Wenn ihr die kleine Tasche umgehängt wurde, wusste sie Bescheid und zitterte und bibberte vor Aufregung und „Betriebsbereitschaft". Ein Händelecken am ersten Meister, ein Klapps von ihm auf den Hintern, der Befehl „Lauf zu!" und Baska schoss wie die Rakete einer Stalinorgel davon. Ab zu den Deutschen quer durch den dünnen russischen Einschließungsring. Noch ehe es hell wurde kam die Rettung, Baska war der Held der Stunde.

Nichts schien Baska schrecken zu können, keine T 34, Stalinorgeln nicht, zwitscherndes MG-Feuer so wenig wie das Urrä-Geschrei angreifender Russen – wenn nur das geliebte Herrchen in der Nähe war! Bald war sie so auf Russen fixiert, dass sie beim Anblick Gefangener zurückgehalten werden musste. Doch einmal kam der Knackpunkt, der Knacks im Verhältnis Mensch und Hund: beim Fallschirmspringen! Meyer Zwo raufte sich noch Jahre nach dem Krieg die Haare über seine kleine Unachtsamkeit gegenüber Baska.

Schuld war der wirre Befehl des Regiments, - wirr war er im Sinn der Sinnlosigkeit -, noch einmal eine Sabotageaktion hinter den nahen feindlichen Linien durchzuführen; ausdrücklich wurde Baska als Teilnehmer befohlen. Sie stieg auch folgsam mit in die JU 52, das Fallschirmpaket auf den Rücken geschnallt, und weil auch Herrchen nichts gegen den höllischen Lärm der drei Motoren einzuwenden hatte, folgte sie ihm brav und kontrolliert. Dann war das Ziel erreicht, die Tür wurde aufgeschoben, die finstere Nacht gähnte von unten herauf und ein Windstoß fuhr den Männern in die Gesichter – Baska schaute nur ihren Führer an und beruhigte sich. Sie bekam gar nicht mit, dass einer der Männer nach dem anderen das Flugzeug verließ, bis Meyer Zwo mit ihr nachrückte. Da versteifte sie sich zu einem Denkmal, stemmte die Läufe vor der Absprungsluke in den Boden des Flugzeugs und war weder durch „vorwärts Baska!“, „nun spring mein braver Hund!“ noch durch den sie schiebenden Fuß Herrchens vorwärts zu bewegen.

Hier machte Meyer Zwo den Fehler, Baska selbst nach unten zu werfen, statt diese erzieherische Untat einen Kameraden ausführen zu lassen. Baska schwebte also davon, schnurstracks von Herrchen gefolgt, der den Anschluss nicht verlieren durfte. Erst als es auf der Erde, - sie waren in einem trockenen Hochmoor gelandet -, dämmerig wurde, entdeckte Meyer Zwo Baskas Fallschirm, schlich hin und befreite sie. Andere Kameraden kamen heran und gratulierten Baska zum gelungenen Abenteuer. Meyer Zwo war genug auf seine Baska sensibilisiert, dass er die erste Veränderung registrierte: Sie leckte seine Hand nicht ab, als er sie vom Fallschirm befreite! Sie folgte und gehorchte weiterhin, aber nie kam es zwischen ihr und Herrchen mehr zu jener Art von Zärtlichkeiten und rückhaltlosem Vertrauen früherer Zeiten – „ich hab’s verpasst“, gestand Meyer Zwo sich ein.

Was man eigentlich nur von den außerordentlich tierliebenden und fairen Engländern kannte, geschah im Fall Baska auch in der deutschen Wehrmacht: Belohnungen durch Orden und Ehrenzeichen! Baska erhielt das EK I und II, das Infanterie-Sturmabzeichen und auch das Abzeichen für Verwundungen für ihre zahlreichen Messerstiche und Streifschüsse, die sie kassieren musste. Diese Orden wurden ihr gelegentlich mit einem ledernen Geschirr umgehängt, wenn die NS-Presse wieder Fotos brauchte, welche die heimatliche Bevölkerung ein wenig zum Schmunzeln bringen konnte.

Welcher Kriegshund konnte schon eine Erfolgsliste wie diese hier aufweisen: MG-Nester ausschalten, indem sie, Baska, der Bedienung in den Nacken sprang; Partisanen aus Kellern schleppen, die sich vor Angst in die Hosen machten; feindliche Flugzeuge so rechtzeitig erkennen, dass Gegenmaßnahmen ergriffen werden konnten; durch einen Fallschirm niedergehende Feindpiloten daran hindern, sich des Fallschirms zu entledigen, so dass sie ihre Gefangennahme nicht verhindern konnten; und schließlich durch einen Biss in die Kehle russische und polnische Rehböcke erlegen, deren Fleisch die eintönige Gulaschkanonensuppe erst schmackhaft werden ließ.

„Wenn Baska knurrte", schrieb einer ihrer Kameraden ins Tagebuch, *„grollend-tief aus ihrer mächtigen Brust heraus, wenn sich ihr Haar sträubte und sie versteinert stehenblieb, gar böse in den Himmel windete, dann wussten wir Männer neben und hinter ihr, dass Gefahr im Verzug war – einen besseren Kameraden konnten wir uns gar nicht wünschen..."*

Sie wurde am Ende des Krieges, schon in Ostpreußen angekommen, von einem russischen Offizier in einem „Missverständnis" erschossen.

Ein Mischling zwischen Deutschem Schäferhund und einem Eskimohund, so scheint es im Krieg, war die idealste Hundeschöpfung der Evolution. Hier Verstand und Mut, dort Unverwüstlichkeit und Ausdauer – mehr braucht ein Soldatenhund kaum. Und Soldaten lieben einen tapferen Hund je mehr, desto erfolgreicher er sich auch als Maskottchen erweist. Weil dieses alles auf Chips zutraf, wurde er einer der berühmtesten Diensthunde des Zweiten Weltkriegs. Chips wurde 1942 als zweijähriger Wachhund in Virginia abgerichtet. Schon dort zeigte er seinen Mut und sein konsequentes Draufgängertum, wenn es darum ging, einen übernommenen und zugewiesenen Auftrag zu Herrchen Zufriedenheit auszuführen. Gab es als Belohnung einen Hamburger, kannte seine Begeisterung keine Grenzen mehr. Nachdem die Vereinigten Staaten durch Hitlers Kriegserklärung 1941 in diesen Krieg gezogen und an ihrer Ostküste erste deutsche U-Boote auftauchten, welche sogar diese Küste beschossen, stieg der Bedarf an scharfen Wachhunden beträchtlich. Chips soll tatsächlich einige aufgetauchte und für seine Augen kaum wahrnehmbare Boote verbellt haben, doch dafür gibt es keine entsprechenden Gegenberichte deutscher U-Bootfahrer. Wie dem auch gewesen sein mag: Chips galt als besonders wachsam und schien darauf versessen zu sein, jemanden an den Hals zu fallen. Weil der Spuk der deutschen U-Boote bald beendet war, wurden viele der ausgebildeten Wachhunde zum Krieg erst in Nordafrika, bald darauf in Europa abkommandiert und dorthin verschifft.

Chips landete mit den Amerikanern in Nordafrika im Zuge des Feldzugs gegen das deutsche Afrikakorps unter Rommel. Was man sich unter dem kurzen Vermerk „und er erlebte schon eine Weile später ein heftiges Gefecht“ vorstellen soll, ist nicht bekannt. Doch in der Bewachung der nun zahlreich anfallenden deutschen und italienischen Kriegsgefangenen, auf welche die amerikanischen hinteren

Linien gar nicht vorbereitet waren, ist Chips ein zuverlässiger Wächter geworden.

„Dieser starke und muskulöse Hund“, schrieb später einer der nach den USA abtransportierten Gefangenen, *„umkreiste uns im Freien hockende Gefangene und schien tatsächlich genau zu wissen, dass wir Fremde waren und uns nicht zu trauen war. Auf Lockungen in guten Worten und mit Brocken unserer Verpflegung reagierte er mürrisch bis abweisend. Als einer unserer einheimischen Hilfswilligen, der uns als Führer und Organisator geholfen hatte und der ganz in der Nähe wohnte, die Gelegenheit nutzen wollte, wo Chips sich auf der Gegenseite unserer Aufstellung befand, sich klammheimlich zu verdrücken, schoss Chips Hundeführer wie erwartet gar nicht. Er rief nur ‚Chips go on' und wies mit der Maschinenpistole auf den Flüchtling. Im Nu hatte Chips ihn eingeholt, sprang ihm von hinten auf den Rücken und warf ihn so zu Boden. Das genügte uns fortan, folgsam zu sein und nichts zu riskieren.“*

Später ging Chips mit General Pattons Siebter Armee hinüber nach Sizilien, wo ihm besonders der Geruch deutscher Soldaten in die Nase stieg, die er noch weniger leiden mochte als italienische. Doch diese waren es, welche aus einem getarnten MG-Nest eine Eierhandgranate nach ihm warfen. Diese teuflischen Dinger kannte Chips von seiner Ausbildung her und er ignorierte sie, als er die Stellung im Alleingang stürmte. Ob nun die vier Italiener, wie vermutet wird, für sich den Krieg beenden wollten oder nicht, ist nicht bekannt geworden. Jedenfalls wankte plötzlich ein angebissener, an Armen und Kehle blutender MG-Schütze aus der Stellung ins Freie, im folgten drei Kameraden mit Gesichtern, als hätten sie den Vorhof der Hölle wahrgenommen.

Ein anderes Mal, im Vormarsch den italienischen Stiefel hinauf, stürmte Chips einen Bunker, den die Besatzung hinten offengelassen hatte, indem er lautlos von dort eindrang und sich mit der Besatzung so lange herumschlug, bis der amerikanische Stoßtrupp, bei dem sich auch sein Herrchen befand, dem Handgemenge ein Ende machte. Im September 1943 wurde Chips mit einem Orden ausgezeichnet und konnte den persönlichen Dank von General Eisenhower entgegennehmen – der selbst ein großer Hundeliebhaber war.

Berner Sennhund Schorschi aus Tegernsee war zwar kein Sanitäts- aber ein Sanitäterhund! Er war ein richtiger Philantropenhund, - dieses Unwort fällt hier vielleicht zum ersten Mal, ist aber berechtigt. Zum Beispiel: Wenn er mit seinen starken Tatzen eine Maus, gar eine Ratte ausgräbt oder sonstwie fängt, nimmt er sie zärtlich zwischen seine Zähne und präsentiert sie Herrchen Schorsch Hintermayer, der nun nicht kriegs-, aber voll und ganz lazarettverwendungsfähig war. Beide arbeiteten vom Russlandeinmarsch 1941 bis zum Polenrückzug 1944 im Wehrmachtslazarett zu Lodz. Wenn Schorschi gut drauf war, tröstete er manche Abgeschossene, viele Angeschossene, auch Einarmige, Einbeinige, Halbblinde, Halbtote, Keuchende, Lahme, Leidende, Röchelnde, Sterbende, Stumme, Versehrte und Verwundete – das ganze Sortiment der Kriegsopfer zusammengefasst.

Schorschi machte jeden frühen Vormittag einmal Krankenvisite und ihn begleiteten stets solche Nebenfiguren wie Chefarzt, Oberarzt, Stabsarzt, Generalarzt, Krankenpfleger und Schwesternhelferinnen und natürlich auch Schorsch Hintermayer; der ja sein Chef war. Die genannten Blessier-

ten warfen aber ihre Blicke, darunter auch manchmal letzte, nur auf Schorschi und dieser schien wie ein wohlinformierter Geistlicher zu merken, ob der Verwundete morgen noch auf Erden war oder nicht. Schorschi tröstete also allein durch seine Gegenwart: Passiv in dem Sinn, dass er sich von den im Bett oder auf einer Bahre liegenden Männern kraulen und streicheln ließ, aktiv dadurch, dass er ein freudiges Knurren hören ließ und Hände, Beine, Füße und Wunden ausgiebig belekte.
„Seine Spucke", erklärte Schorsch, „desinfiziert besser als all der Kram, den wir hier verwenden, und schmecken tut ihn es ihm auch."
Ärzte und andere Fachleute schüttelten zwar ihre weisen Häupter, aber weil Hitlers Lazarette von 1944 miserabler ausgestattet waren als die des Kaisers von 1914 bis 1918, akzeptierten sie Schorschis Dienste ohne merkbaren Widerspruch.

Da sahen dann die seit 1939 okkupierten Bürger von Lods Szenen, bei denen sie das Kreuzschlagen vergaßen.
1.) Ein körperlich intakt erscheinender deutscher Soldat wurde nach Art der Blindenhunde von Schorschi durch den Park des Lazaretts zu einer Parkbank geleitet, wo beide es sich bequem und eine polnische Brotzeit machten: zwei Krakauer, zwei Pilsener – ein Idyll fast so wie am Tegernsee.
2.) Schorschi zog durch eben diesen Park einen leichten Rollstuhl, der mit einem schwerverwundeten aber fast genesenen Panzergrenadier beladen war, dem der halbe Körper fehlte: Beide Beine, im abgeschossenen Panzer eingeklemmt, waren ihm amputiert worden. Schorschi zog den Rollstuhl zum anschließenden Wochenmarkt, wo der Soldat etwas Obst und ein Stück Thorner Käse kaufte. Dann

ging's zur erwähnten Bank zurück und gemeinsam aßen Schorschi und sein Patient das Eingekaufte auf. (Hier muss erwähnt werden, dass dieses im Herbst 1942 vor der deutschen Niederlage bei Stalingrad geschah. Später, ab Sommer 1943, als deutsche Rückzüge zur Alltäglichkeit des Krieges gehörten, wurden solche Ausflüge deutscher Soldaten verboten.)

3.) Schorschis philantropisches Herz schlug für Kinder – er wusste nichts von Unterschieden wie slawische, tatarische, Sinti- und Judenkinder. Sie alle spielten mit ihm im Park verstecken, Räuber und Gendarm, Dick und Doof , „die SS kommt" und futterten mit ihm Stampfkartoffeln mit saurer Gurke und Graupensuppe mit Roter Bete.

4.) Auf dem zum Lazarett gehörigen Gelände gab es einen provisorischen Tennisplatz, auf welchem leichtverwundete Soldaten sich wieder für ihren nächsten Einsatz fitmachen sollten – so jedenfalls das Argument eines Oberarztes. Schorschi spielte hier den Balljungen beider Seiten, denn Laufen und Tollen waren seinem ja gar nicht leichten Körper angeboren wie das Stehlen dem Kleptomanen.

5.) Schorschis Gebiss war so stark, dass er einen Tennisball leicht hätte zerbeißen können. Dieses Gebiss bekamen drei Männer des polnischen Widerstandes zu spüren, deren Chef aus dem Hintergrund entschieden hatte, dieser bayerische Hund müsse ein polnischer werden. So traten sie an Schorsch und Schorschi heran, als diese sich – leichtsinnigerweise – auf besagter Sitzbank ausruhen wollten. (1944, als die Rote Armee sich Polen näherte!)

„Bleiben Sie so sitzen wie jetzt, leinen Sie den Hund an und geben Sie uns die Leine – ganz unauffällig, dann passiert Sie nix!"

Schorschi, in halber Mannshöhe auf der Bank sitzend, knurrte bereits ingrimmig und kehlig und war drauf und dran, „auf eigene Faust“ den Sprecher anzufallen, doch Schorsch kam ihm zuvor und befahl ihm leise „fass sie!“ Da hatte Schorschi den Polen am Hals und riss ihm die Schlagader auf. Ohne auf den Erfolg seines Angriffs zu achten nahm Schorschi erst den einen dann den anderen der völlig überraschten Männer her und riss sie Boden. Weil sie unbewaffnet waren, jedenfalls keine Waffen gezeigt hatten, befahl Schorsch Schorschi zurück und rückte mit ihm in Richtung Lazarett ab.

Der Vorfall wurde zum Anlass genommen, dass weder vom Personal und Patienten noch von Schorschi das Umfeld des Lazaretts betreten werden durfte.
„Wir mussten sowieso ins Reich zurück“, kommentierte Schorsch später, *„und alles außer Personal und Verwundete zurücklassen, denn die Schießerei der Front war schon zu hören.“*
Er kam mit dem medizinischen Personal und natürlich Schorschi zum Tegernsee, dessen gleichnamiger Ort zur Lazarettstadt erklärt wurde.
„Damit“, berichtete er später, *„schien klar zu sein, dass nicht der Russe sondern die Westalliierten, wohl die Amerikaner, uns von den Nazis befreien sollten.“*

Doch noch einmal sollte sich Schorschi im Krieg bewähren. War Schorsch auch rechtens als „nichtkriegsverwendungsfähig“ eingestuft worden, so sollte er nun doch „endsiegfähig“ werden: Das hieß damals, zum Volkssturm eingezogen zu werden.

„Ich selbst hätte ja gern mitgemacht“, gestand Schorsch schmunzelnd, *„aber mit Schorschi noch einmal in Kämpfe verwickelt werden, das kam absolut nicht in Frage.“*
So wanderten nachts Schorsch und Schorschi Mitte April, - der so genannte Führer befahl und lebte noch -, auf die Neureuther Alm hinauf, wo eine mit Mühe und Not bewohnbare alte Hütte stand, in welche die vorsorgliche Familie das Notwendigste zum Leben bereits deponiert hatte. Noch lag dort Schnee und die Gämsen standen vertraut um die Hütte herum. Sie sahen den Hund als ihresgleichen an und hörten oder verstanden Schorsch' heimliches Kommando „fass das Junge dort!“ nicht. Schorschi stapfte durch den Schnee hin und riss das ahnungslose Tier.

Doch: Es soll nichts so fein gesponnen sein können, dass es nicht ans Licht käme! Wie „damals“ der Tiroler Andreas Hofer von seinesgleichen verraten wurde, so traf dies auch Schorsch am 1. Mai 1945. (Da war Hitler schon verbrannt!) Ein stellvertretender Ortgruppenleiter der Noch-NSDAP ackerte sich verdrossen durch die apere Alm heran und wurde von Schorschi böse verbellt, so dass Schorsch aus seinem Mittagsschlaf erwachte.

„Komm jetzt mit runter, Schorsch“, sagte der Noch-Parteigenosse, „ehe die Gendarmen dich holen und an die Wand stellen.“

Ein wahrhaft gutgemeinter Ratschlag war das!

„Was soll ich unten?“

„An der Verteidigung unserer Alpenfestung teilnehmen.“

„Dabei könnte ich ja fallen“, warf Schorsch ein.

„Das schon, aber beim Endsieg wirst du das Ritterkreuz kriegen.“

Wir dürfen Schorschi nicht vergessen! Obwohl er Bayerisch nur unvollständig verstand, hörte er am Tonfall der Stimmen, dass von Freundschaft nicht gesprochen wurde.
„Ich komme nicht mit und bleibe, bis die Amerikaner Tegernsee erobert haben, hier oben. Sie können mir hier Gesellschaft leisten oder erfolglos absteigen."
Der Nazi nestelte an seiner Dienstpistole und Schorschi warf sich nach einen Wink seines Herrn auf ihn. Schorsch sperrte den Überraschten in der Kellergruft der Hütte solange ein, bis ein Bote kam und das Endes des Krieges am 8. Mai 1945 verkündete. Für Schorsch begannen nun friedliche Zeiten, bis er im Jahr 1951 sein schönes Leben beenden musste – nicht ohne eine Horde von Nachkommenschaft zu hinterlassen: RIP!

Wir haben schon von einem Fallschirmhund berichtet, dem bei aller persönlichen Tapferkeit die Angst überkam, als er vor Herrchen springen musste: Baska. Sie war auch gar nicht als Fallschirmhund ausgebildet worden. Beim Stichwort „Fallschirmkrieg" kommt jedem Kenner des Zweiten Weltkriegs das Stichwort „Insel Kreta" auf. Dort wurde Hitlers Elitetruppe verheizt, ohne das Kriegsgeschehen im Mittelmeer entscheidend zu beeinflussen.

Deutsch-Drahthaar-Rüde Ecko vom Eckostein musste mit auf die Insel, weil er sich zu Hause einen Namen als Fallschirmspringer aus Leidenschaft gemacht hatte. Er war ein richtiger Spielhund, dessen stets gute Laune auf die ganze Konpanie übergriff. War dies etwa kein Spiel:
„Wie bringen wir einem Hund bei?", fragte Herrchen Fred Kortenjan, Leutnant der Fallschirmjäger, (sein Kinder- und Jugendtraum), sich selbst, seine Mannschaft und Ecko, der ihm auch bei Vorträgen und Anweisungen nicht von den

Schuhen wich, *„dass er einmal in großer Höhe in die Luft springen muss?"*
Die Antwort hatte Fred bereits am Schreibtisch und während nächtlichen Wachliegens ausgeknobelt:
„Die Ausbildung muss für einen intelligenten Hund wie Ecko ein Spiel sein, nichts als ein Spiel mit sogar lustig ausgerufenen Befehlen. Nur dann macht er mit. ‚Vorbild ist alles', hat mal Jean Paul gesagt, ‚Erziehung gar nichts'. Dann lustig ran ans Werk!"

Das sah dann anfangs so aus: Ecko und Fred standen auf einer Kiste und sprangen gleichzeitig auf die Erde. Aus der Kiste wurde ein doppelt hoher Tisch, aus diesem eine nochmal doppelt hohe Mauer, bis die Sprungtiefe für Herrchen zu hoch wurde. Das ganze Verfahren wurde für Ecko wiederholt, nachdem man ihm einen Packen von drei Pfund Gewicht auf den Rücken geschnürt hatte. Alles kein Problem für ihn, lustig kläffend machte er mit und verlangte regelmäßig seine Belohung – diese bestand, - wohl einmalig für einen Hund -, aus Spritzgebäck, das Freds Frau eigens für Ecko, (mit braunem Zucker, versteht sich), gebacken hatte; es soll auch Zweibeinern, so heißt es, ausgezeichnet munden!

Nach diesen Übungen war Ecko prädestiniert, allein zu springen, in der eben angegebenen Reihenfolge ohne und mit Gepäck. Dann musste Ecko auf den zehn Meter hohen Sprungturm, von wo aus er in aufgeschichtetes Stroh springen musste. Es klappte jetzt alles, wenn Ecko von einem ihm befreundeten Soldaten auf den Turm geleitet wurde und er unten sein Herrchen sah und lockend hörte. Dann jauchzte er freudig auf und sprang vom Podest erst noch einen Meter in die Höhe, bis er seine Beine ausbreitete und wir ein tropische Flughörnchen nach unten segelte.

Bei diesen Übungen zeigte sich, wieviel man Tieren bei Dressur und Abrichtung zumuten durfte: zwei Stunden hier mit Ecko, dann wurde er verdrossen, unzuverlässig, unaufmerksam und machte Fehler über Fehler. Hier war nichts zu erzwingen, wie es bei uns Menschen möglich gewesen wäre. Ganz verwundert tat Ecko, als er nach Wiederbeginn seiner Übungen plötzlich nicht mehr fiel, sondern per Fallschirm nach unten schwebte. Sein Temperament zwang ihn, unten angekommen, sofort loszustürmen, aber er lernte schnell, dass Herrchen oder ein anderer Helfer ihn erst vom Gewirr des Fallschirms befreien musste.

Nach vierzehn Tagen Proben und Üben, in Gemeinschaft mit anderen Hunden, die Ecko nicht leiden mochte, musste er die Prüfung bestehen, ob er JU-52-tauglich war oder nicht. Wie allen Reisenden und Mitfliegenden einer solchen Maschine bekannt, herrschte in diesem karg ausgestatteten Flugzeug ein Höllenlärm, wenn die Motoren angelassen wurden, und auch während eines gleichmäßigen Fluges war eine Unterhaltung unmöglich. Wie andere Versuche ergeben hatten, gab es sensible Hunde aller Rassen und Größen, welche dann „passten" und nicht zu bewegen waren, irgendeinem Kommando zu gehorchen – „Flugversager"!

Ecko bestand die Prüfung und er gewöhnte sich an, Freds Kommandos und Befehle ihm von den Lippen abzulesen. Die nächste Prüfung, - es eilte bereits „mit Kreta" -, war eine Lehrstunde: um Ecko gegen Tommies scharfzumachen. Der Ruf „Tommy" wurde Synonym für „fass ihn", und geübt wurde mit verkleideten Tommies, von für Ecko fremden Soldaten dargestellt. Ecko zeigte seine ganze Wut und bald fürchteten sich die Komparsen, wenn er auf dem Übungsrasen auftauchte. Nach diesen Übungen wurden Berechnungen angestellt, wie groß Fallschirme nach Eckos Format sein mussten und welches Gewicht man ihm anhängen konnte, damit er in ähnlicher Geschwindigkeit wie Herrchen zu Boden ging und auch nicht weiter abgetrieben wurde als dieser.

Am 20.Mai 1941 wurde aus Eckos Spiel kriegerischer Ernst. Seine Aufgabe nach der Landung bestand darin, einzelne „Tommies“ anzugreifen und sie daran zu hindern, in MG-Nestern, Gräben oder Bunkern unterzutauchen oder auf einfallende deutsche Fallschirmspringer zu schießen. Das war geübt worden und Ecko wurde besonders wütend, wenn er Menschen mit Gewehren im Anschlag sah. Ecko hockte neben Fred und beäugte die anderen Hunde, die sehr aufgeregt taten, mit scheelen Augen. Der Flug nach Süden war kein Ferienflug heutiger Urlaubsart, obwohl britische Jagdflugzeuge fehlten und auch das Meer unten feindfrei zu sein schien. Doch dann in Küstennähe erstes Flakfeuer, das sich aber über weite Strecken verteilte. Deutsche Lastensegler hakten sie ab und glitten lautlos der Insel zu. Dort endlich der Flugplatz, dessen Personal schien unentschlossen zu sein, „wer da anflog“, und schon stürzten sich die ersten Fallschirmjäger, die mit Hunden zuerst, aus der Maschine.

Fred und Ecko sprangen gleichzeitig und die Witterung wollte es, dass sie eng nebeneinanderflogen und Fred sich mit Ecko unterhalten konnte. Dieser bellte bereits nach unten, wo er Tommies an ihren flachen Helmen erkennen konnte, die nun leider aufmerksam wurden und ihre Gewehre nach oben richteten. Fred bedachte sie mit einer Eierhandgranate. Dann war er eher unten als Ecko, warf sich auf die Erde und robbte zu Eckos Landeplatz und befreite ihn vom Fallschirm. Die Begrüßung war überschwenglich, wurde jedoch durch „hands up, German!" unterbrochen. Es war gut, dass Ecko kein Englisch verstand, denn so brauchte er nicht zu gehorchen und er sprang dem Soldaten mitten ins Gesicht. Wer ihm dieses scheußliche „face-killing" beigebracht hat, ist nicht bekannt. Jedenfalls schrie der Überfallene wie am Spieß, ließ das Gewehr fallen und presste beide Hände ins Gesicht.

Ecko hätte ihn wohl noch mehr bearbeitet, musste sich aber einem zweiten Engländer widmen, der das Gewehr auf ihn anlegte – da kam's für Fred auf echte Wildwest-Schnelligkeit an: Ein Schuss und Ecko war gerettet. Die Lage entschärfte sich, als immer mehr Fallschirme unten ankamen und sich nach einer Viertelstunde eine Kompanie bildete, welche den Angriff auf den Flughafen begann. Die für Ecko gefährlichste Gegenwehr kam in Form eines mittleren Schäferhundes auf ihn zu und bedrohte, nach seiner Ansicht, sein Herrchen aufs Äußerste. Das konnte er nicht zulassen. Er preschte nach rechts los, kam damit dem Angreifer in die Flanke und rammte den Überraschten um, dass er zu Boden fiel und von Ecko, - nach Art der Rasse -, zu Tode gebissen und gebeutelt wurde. „Nach Art der Rasse?" Ja: Deutsch-Drahthaar-Hunde sind innerlich so programmiert, dass sie einen Hasen, ihre vornehmliche Jagdbeute, solange verfolgen können, dass dieser trotz all seines „Hakenschlagens" seinen Vorsprung verliert und vom Hunde gepackt wird. Schaut Herrchen dem Spiel nicht zu, tobt der Sieger sich aus und schüttelt sich seine Beute um die Ohren – das machte Ecko hier.

Der Flugplatz war eingenommen, die erschöpften Soldaten, dazu einige Italiener, die sich selbst von britischer

Kriegsgefangenschaft befreit hatten, und die mitgelandeten Hunde bildeten eine Gruppe Erholungssuchender, nahmen Verpflegung auf und tranken aus ihren Feldflaschen; Ecko ließ sich den geöffneten Hals aus Freds Flasche voll- und überlaufen. Er wollte nun neben Fred ruhen, doch die Pflicht rief ihn zum Dienst: Seine Jagdnase kitzelte unter Tommygeruch.
„Engländer sind in der Nähe", sagte Fred leise, „Ecko riecht sie."
Schon fetzte dieser los und drei Sekunden später hallte einer der letzten heutigen Todesschreie in Kretas blauen Himmel. Doch der Schrei war verfrüht: Der Engländer hatte sich so in sein Erdloch zurückgezogen, gleich einer hiesigen Weinbergschnecke, und Arme und Hände so über seinen Kopf gelegt, dass Ecko nirgends anbeißen konnte und mit den Vorderpfoten zu graben versuchte. So machte er zum Abschluss des ersten Gefechtstages seinen ersten Gefangenen...

Am nächsten Tag ging es um die Säuberung, - so der allgemeine Kriegsjargon -, des Geländes von feindlichen Einzelpersonen oder kleineren Gruppen, welche den Anschluss verloren hatten. Ecko ging in den unübersichtlichen Weinbergen und Gärten der Insel voran und fand jeden versteckten Feind. Er brauchte nur böse zu bellen und schon krochen sie aus ihren Höhlen und Löchern, wohl denkend, eine deutsche Gefangenschaft sei leichter zu ertragen als ein deutsches Hundegebiss. Die Verluste der Fallschirmjäger waren in den nächsten Tagen noch so gewaltig, dass ihre Truppe, Hitlers Lieblinge, tatsächlich aufgehört hatte zu existieren. Normales deutsches Militär eroberte die Insel schließlich vollkommen und musste sie doch 1945 wieder räumen. Fred und Ecko, den seine Kameraden den „Löwen von Kreta“ nannten, hatten die Insel schon vorher befehlsgemäß verlassen.

Sie waren hier also davongekommen. Rauer ging es auf ihrem neuen Arbeitsplatz zu, der russischen Halbinsel Krim. Sie wurde erst 1942 nach verlustreichen Kämpfen von den Deutschen erobert. Noch monatelang hielten sich russische Stoßtrupps und versprengte Einheiten im Kulturland der Halbinsel versteckt. Ecko war inzwischen in eingeweihten Kreisen bekannt geworden und so musste er mit Fred einen neuen Kursus absolvieren: „Russen fangen“. Statt Engländer zu erschrecken und einfangen zu helfen, wurde er nun auf echte Russen scharf gemacht, wozu völkerrechtswidrig gefangene Partisanen herhalten mussten. Doch ehe Ecko zum „Löwen der Krim“ aufsteigen konnte, setzten sich noch freie Partisanen auf seine Fährte und schossen ihn mit einem weittragenden Spezialgewehr ab.

Aber Ecko vom Eckostein hatte bei einem Heimaturlaub seine Gene weitergegeben: an die nichtadelige Rottweiler Hundedame Asta, und es soll eine echte Liebespaarung gewesen sein. Da war keine Rede mehr von Zucht und Hundestammbuch, man war sich auf der Straße begegnet und als Fred und Ecko das nächste Mal zum Urlaub herkamen, war Asta schon bei einem Bombenangriff gefallen und vier ihrer fünf Kinder waren in alle Himmelsrichtungen verkauft oder verschenkt worden. Nur Fressi war noch zu Hause und sollte jetzt von Fred mit an die Front genommen werden.

„Er isst uns nicht nur alle Haare vom Kopf“, klagten Freds Eltern, „sondern braucht auch täglich drei Pfund Kartoffeln.“

Klar, so einen Fresser oder Esser konnte nur das Militär ernähren.

So bekamen er und Fred ihre Versetzung nach Russland. Dort würden in Zukunft, prophezeite ein Parteigenosse aus dem Weichbild Hitlers, fähige Polizisten mit fähigen Hunden gebraucht, zum Beispiel in Stalingrad, das spätestens ab November 1942 unter deutscher Verwaltung stehen und in Wolgaburg umbenannt werden würde. Fressi, - eine Verniedlichung von Fresser -, war ein Packer erster Garnitur, dazu ein Renner und Läufer, Springer und Kletterer und Schnüffler und Horcher. Einen Plünderer hatte er zu Hause nach einem Luftangriff so in den Hintern gebissen, dass der gar nicht mehr erschossen werden musste. Bei der Suche nach einem der letzten Juden seiner Heimatstadt versagte er jedoch kläglich – weil dieser sein liebster Freund war, ihm Bratkartoffeln herrichtete und ihn solange im Versteck beherbergte und dann laufen ließ, bis die Gefahr, ins KZ oder Schlimmeres zu kommen, vorläufig beseitigt war.

Die Weiten Südrusslands wurden für Fred und Fressi zur letzten Lebensstation. Bis das Ende kam, hatten beide unvergleichliche Erlebnisse in Krieg, Grausamkeit und Menschlichkeit hinter sich gebracht. Die folgenden Ereignisse können nur durch Freds Feldpostbriefe rekonstruiert werden. Fressi war, wie sich bald für Fred herausstellte, das perfekte Erbstück seiner Eltern: Von Ecko die Packereigenschaften, den Mut, die Tatkraft und die hündische Kombinationsfähigkeit – von Asta das liebvolle Wesen, den Kartoffelappetit, die Treue zum Herrchen und eine Gefolgschaft in Leben und Tod; das Letztere konnte wegen der widrigen, unmenschlichen und untierischen Umstände im Kessel von Stalingrad nicht in Kraft treten.

Genosse Zufall wollte es, dass Polizei-Oberleutnant Fred Kortenjan in befohlener amtlicher Begleitung von Fressi einen Monat früher als ursprünglich geplant zur Ostfront aufzubrechen hatte.

„Die Eroberung der Wolgastadt“, ließ man verlauten, „wird der am weitesten geführte Vorstoß der Wehrmacht nach Osten hin sein. Hat man dort den breiten Fluss zerniert, wird jeglicher Nachschub vom Süden nach Moskau unterbrochen werden können, so dass die Sowjetunion zusammenbrechen wird. Ihre Aufgabe als Polizeioffizier wird es sein, die dort entstehende neue Grenzlinie Großdeutschlands gegen Einflüsse aus dem Osten und Sabotage im Inneren zu schützen. Nicht nur Ihr Hund wird Ihnen zur Verfügung stehen, sondern mehrere Hundeeinheiten aus dem ganzen deutschen Reich zusammengesetzt...“

Fred Kortenjan, kein Antinazi aber Realist, hatte den ganzen Russlandfeldzug, - wie der Überfall genannt wurde -, schon heftig von Anfang an als „hirnverbrannt und größenwahnsinnig“ angesehen, sich aber seitdem nicht mehr kritisch geäußert, seit seine Einheit auf Befehl Heinrich Himmlers eine Besichtigungstour durch deutsche KZs, nicht die Vernichtungslager, absoviert hatte.

„Sehen Sie sich“, hatte es geheißen, „vor allem die eingesetzten Wach- und Patrouillenhunde an und melden Sie Fehler und Versäumnisse.“

Mitte Oktober 1942 trafen Fred und Fressi nach einem langen Flug in einer JU52 in Kiew ein, ein Flug, der nur Fressi begeisterte: Denn alle betütelten ihn als Besatzungs-Maskottchen und fütterten ihn mit Bordverpflegung – Bratkartoffeln waren leider nicht dabei. Seinem feinen Gehör schien das Motorengedröhn nichts auszumachen, offenbar auch in seinen Funktionen nicht, denn während alle miteisenden Soldaten schliefen und ein Kameramann der Wochenschau Fressi filmte, sprang dieser plötzlich in eine Ecke, aus der dann ein Todesgequieke zu hören war: Fressi hatte die einzige Bordratte am Wickel und schüttelte sie zu Tode.

Von Kiew ging es in einer Kuriermaschine weiter nach Rostow am Don, wo Fred erfuhr, dass Stalingrad durchaus noch nicht erobert und der Widerstand der Russen dort unerwartet hoch sei. In Rostow schwängerte Fressi ein halbes Dutzend russischer Straßenköterdamen, so dass man wohl behaupten kann, dass er in bestimmten Kreisen sehr beliebt war und seine Gene noch heute dort nachweisbar sein könnten. Fressi hatte die Angewohnheit, nach jeder seiner Transaktionen schnellstens irgendwo ein Bein zu heben: an einem Alleebaum, einem Panzerspähwagen oder einem geduldigen Panjepferdchenhinterbein oder gern einem Laternenpfahl. Stand an dieser Laterne jedoch, wie jetzt, ein dicker und schmucker Generalsmercedes nebst uniformiertem Fahrer als Aufpasser, dann gab's für Fressi nichts Schöneres, als eine der Radkappen zu verschönern.
„Hau ab, du russische Töle!"
Diese fünf Wörter hätte Fressi ja noch hingenommen, zumal jetzt sein Herrchen aus dem Haus des Generals auf den Bürgersteig trat, doch gleichzeitig trat der Fahrer zu und wollte einen Volltreffer auf Fressi landen. Der knurrte nur einmal volltönend und stülpte sozusagen sein Gebiss über den Zehenteil des Stiefels so fest, dass die Zehen gegen die Schuhsohlen gepresst wurden – wären Hühneraugen vorhanden gewesen, sie wären geplatzt.

Beinahe hätte Fressi seinen letzten Biss getan, denn der General höchstselbst zog seine Pistole. Fred trat dazwischen, rief Fressi zur Disziplin zurück und erklärte, dass es sich „bei meinem Hund“ nicht um einen russischen, gar sowjetischen Straßenköter, sondern um einen echt deutschen Diensthund der Polizei des Deutschen Reiches handelte.

Von Rostow startete für die letzte Strecke im Vorfeld von Stalingrad eine JU52 mit Jägerbegleitschutz. Es war der 18. November 1942. Fred Kortenjan wunderte sich über den Begleitschutz und bekam zu hören, dass die vielgerühmte JU52 ein für den Krieg viel zu langsames Flugzeug sei, „das jeder Rotarmist im ersten Lehrjahr abschießen könne“. Drei andere Hunde mit Feldgendarmen als Führer flogen mit und diese berichteten genüsslich über ihre Einsätze gegen Partisanen:
„Es sollen möglichst keine Gefangenen gemacht werden, da sie nur Verwaltungskram verursachen und sonstwie Umstände machen. Meine Katinka“, sagte ein „Russenjäger“, „ist so auf stinkende Russen eingefleischt, dass ich sie außerhalb unserer Einsätze nur an der Leine führen kann, sie rottet sonst ein kleines Dorf in nullkommanix aus.“
„Mein Iwan der Schreckliche“, ergänzt sein Kollege und Kamerad, „riecht Partisanen und anderes Gesindel kilometerweit gegen den Wind und hat schon ein Dutzend Partisanen totgebissen, indem er sie von hinten ansprang, auf den Bauch warf und seinen Hals- oder Nackenwirbel zwischen den Zähnen zerknackte.“

Der Genannte ließ sich derweil von Fred im Nacken kraulen und grummelte im Hals wie eine Katze. Er wog

satte fünfzig Pfund und hatte die Figur jener antiken Hunde, die als Molosser in Stein gehauen in Museen betrachtet werden können. Fressi betrachtete ihn auch, aber voller Respekt und Zurückhaltung. Der dritte Partisanenhund im Flugzeug schien eine Kreuzung zwischen Hyäne und Panter zu sein, wenn man sein mächtiges Gebiss und seine Tatzen betrachtete. Er schlief die meiste Zeit und wenn er gähnte, schien sich ein Alligatormaul zu öffnen.
„Er heißt Schnucki“, sagte sein Herrchen zärtlich, „er hat russische Kinder zwischen 6 und 12 sehr gern und muss doch gelegentlich ihre Väter ins Jenseits befördern.“
Fressi war an ein Fensterluk getreten und verbellte von dort jene Jagdflieger, welche die JU „flügelnah“ begleiteten. Wenn der Pilot fröhlich winkte, bellte und winselte er verlangend und bekratzte das Fensterglas. Drei Minuten später rollte die JU52 auf dem Rollfeld Gumrak aus, hundert Meter neben ihr eine ME 109, und als dieser Pilot ausstieg, schoss Fressi wie ein Windhund auf ihn zu und begrüßte ihn wie einen seit Jahrzehnten vermissten Freund. Oberleutnant Fred trat hinzu und so entstand eine Dreierfreundschaft, die bis zum allgemeinen Untergang anhielt. Niemand derjenigen Menschen und Tiere, die wir hier kennengelernt haben, konnte von diesem Untergang ahnen oder wissen – auch jene einbezogen, welche die bedrohliche Lage der deutschen 6. Armee erkannten...

Für alle von der damaligen Kriegslage in Russland nicht Informierten erklären wir kurz die Situation: In einem (leichtsinnig) vorangetriebenen Keil hatte die 6. Armee Stalingrad erreicht und war (unverhofft) auf sehr harten Widerstand gestoßen. Dieser Keil sah wie ein Dreieck aus und jeder Eleve (Lehrling) einer Militärakademie wäre von dieser Schule geflogen, hätte er ihn gutgeheißen. Die Russen waren gute Schüler von Clausewitz und Moltke und stießen Mitte November mit starken Kräften ins hintere Dreieck hinein, stießen auch vor und vereinigten sich weit westlich der Stadt zu einem Ring um die Deutschen, der sie einkesselte und der nicht gesprengt werden konnte.

Das geschah zu der Zeit, als Fred und Fressi in der Stadt eintrafen und sich beim Stadtkommandanten meldeten. „Diesmal, mein vierbeiniger Freund", sagte Fred zu Fressi, „hat es uns erwischt. Hier kommen wir nicht mehr heraus." So schrieb Fred auch in seinem ersten Feldpostbrief nach Hause, den Fressi mit Pfotenabdruck bestätigen musste. Zu beider Glück ging der Brief ohne Zensur durch: Wer um diese Kriegszeit meckerte, moserte, unkte und das Tun seines Führers anderartig kritisierte, der brauchte kein Stalingrad mehr zum Sterben.

Russischen Hilfskräften der Deutschen, Hiwis genannt, stand hier das Wasser bis zum Hals: Blieben sie, gingen sie mit unter, liefen sie über, wurden sie liquidiert. Also suchten sie einen Mittelweg, so dass sie desertierten, aber natürlich nach Westen und Süden hin, um in der einheimischen Bevölkerung untertauchen zu können. Das zu verhindern waren Hundeführer mit ihren vierbeinigen Schnüfflern eingeflogen worden.

Im großen Kessel gab es viel freies Gelände, unübersichtlich, zerklüftet, von Gewässern durchzogen, die Steilufer gebildet hatten, dichte Gebüsche und zugewachsene Waldungen – ideales Gelände für Deserteure und Partisanen. Es gab viele einheimische Hunde, welche von erfahrenen Führern zu Russenpackern und Mongolenfassern umfunktioniert waren. Fred begriff, dass er an den „unappetitlichsten" Auftrag seiner Karriere geraten war, innerlich stellte er sich auf Streik und Verweigerung ein, aber wenn er die Meldungen einsah, „durch Partisanen erschossen“, „im Partisanengebiet vermisst“, dann packte ihn das Pflichtgefühl an seiner wunden Stelle im Gehirn. Noch Mitte Dezember hieß es allgemein bei den eingeschlossenen deutschen Soldaten, „dass wir herausgehauen werden“ und dass nach wie vor Hitlers Grundsatz „Wo der deutsche Soldat einmal steht, kann ihn niemand vertreiben“ Geltung hatte.

„Vielleicht geht hier noch alles gut“, vertröstete Fred seinen Fressi, der noch täglich einmal am „Bratkartoffeltisch“ Platz nehmen durfte.

Fressis Schnüffelintelligenz brachte Ergebnisse. Es wurde eine Dreier-, beziehungsweise eine Sechsergruppe gebildet, die Hundeführer waren mit Maschinenpistolen bewaffnet, die Hunde pirschten voran und zwei von ihnen, wenig ausgebildet, verbellten zu früh oder gar nicht. So dass Fred nun eine Vierergruppe forderte und genehmigt erhielt: Er selbst, zwei Begleiter und Fressi. Sie wurden zu einer ganz und gar problematischen Arbeit befohlen: Kontrolle aller Personen, welche Befehl und Anweisung erhalten hatten, mit den rückfliegenden JU52 ausgeflogen zu werden. Schon drohte diese lebenserhaltende Quelle auszutrocknen, weil die russischen Truppen begannen, den Kessel einzudrücken; nicht lange mehr, und alle Flugplätze sind verlorengegangen.

Ein russischer Stoßtrupp, dem die „Ausräucherung“ des Kessels wohl schon zu lange dauerte, schlich sich im letzten Licht des Nachmittags an die Piste heran, auf der eine JU52 soeben zum Start anlief. In diesen Motorenlärm hinein schnüffelte Fressi in die Gegenrichtung und stieß jenes kurze aber scharfe Knurren aus, das Fred bisher immer und untrüglich eine Gefahr signalisierte. Er folgte Fressis Blick und sah den russischen Stoßtrupp von zehn Mann in vollem Lauf anstürmen, der Maschine entgegen, die Männer mussten nur noch einen Erdwall erklimmen, um schießen zu können. Sofort schickten drei deutsche Maschinenpistolen ihr Feuer auf sie, während Fressi dem ersten Flüchtling nachsetzte. Er hatte seine eigene Methode entwickelt: Er fuhr dem Flüchtigen von hinten in Beine. So war er bei dessen Sturz wie der Blitz über ihm und konnte ihm ins Genick beißen. Wehrte sich der Gefallene, biss Fressi ihn sofort tot. Hier war das so, da kam der zweite Flüchtling, offenbar am Kopf getroffen, und wollte an Fressi vorbei. Ein Sprung in seine Beine, er stürzte und hielt die Hände hinter dem Kopf im Nacken gefaltet – für Fressi das Zeichen, von ihm abzulassen und nach neuen Feinden Ausschau zu halten. Zwei Russen fehlten noch.

„Fressi such sie!"

Er horchte mehr als dass er windete (schnüffelte).

„Er versucht", erklärte Fred seinen Kameraden, „den angestrengten Atem der Versteckten zu hören und zu orten."

Fressi drehte eine Runde um das Revier. Plötzlich wieder dieses Kreischen eines Menschen in Todesnot! Plötzlich auch das Auftauchen des zehnten Russen mit erhobenen Armen – ein Zeichen, dessen Bedeutung auch Hunde längst begriffen hatten. Er überlebte als einziger, weil er, auf gebrochenem Deutsch, den Männern das Lebensmitteldepot seiner Einheit zeigte: Da lagen Kommissbrote, Margarine, Marmelade, Hartwürste, Zigaretten und Konserven, bei deren Anblick die bereits hungernden Deutschen alle Vorsicht vergaßen – außer Fred: Der dem Gefangenen einen Tritt in den Hintern gab und gleichzeitig Fressi an der Leine hielt. Dieses internationale Zeichen für „Hau ab!“ verstand der Russe...

Inzwischen waren alle deutschen Bemühungen, den Kessel zu versorgen oder aufzubrechen, am russischen Widerstand gescheitert. „General Schmacht“ begann seine Herrschaft. Schon antike Feldherren wussten, dass leere Bäuche schlechte Kämpfer machen. Die Pferde waren die ersten, welche deutsche Bäuche füllen mussten, kleinere Haustiere waren schon aufgegessen worden, Hundeführer vermissten ihre vierbeinigen Helfer, aber an Fressi hatte sich noch niemand herangewagt. Er stillte seinen Schmacht mit Ratten und musste sie noch vor verzweifelten Soldaten verteidigen. Um diese Zeit, es war Ende Dezember 1942 und Weihnachten war vor lauter Verzweiflung, Sterben und Magenknurren lust- und lautlos vorübergegangen, als Oberleutnant Fred Kortenjan seinen letzten Feldpostbrief schrieb, den der letzte Pilot eines Fieseler Storch mitnahm. *„...wie ich hier enden werde oder erst in russischer Kriegsgefangenschaft, weiß ich nicht. Wie mein lieber Fressi enden wird, der seine treuen Augen nicht von mir lässt und abzumagern beginnt, weiß ich genau: Sie werden ihn aufessen! Sie werden sich selbst aufessen! Denkt an Fressi und an mich und verwahrt dieses Schreiben auf, damit authentisch wird, was Menschen sich selbst und Tieren antun können, wenn der Verstand ‚von oben nach unten' aussetzt...“*

Kann es auch „ein Stalingrad der Tiere“ geben? Ja, gab es! Dort, wo die 6. Armee unterging, überlebte keine Kreatur vom Generalspferd bis zum Oberstmaskottchen, kein Maultier oder Ochse, kein kaukasisches Hausschwein und kein Steppenhase, der mit in den Kessel geraten war, und ob Wach-, Patrouillen-, Lieblings- oder Feldgendarmhund – sie waren wie alles sonstwie Essbare aufgegessen worden; nichts zählte mehr außer Essen!

Hunde im Bombenkrieg

Eines der düstersten Kapitel des Zweiten Weltkriegs war der Luft- und Bombenkrieg. Aber immerhin: Auf ihn konnte man sich einstellen und dass auch unsere Hunde dieses schafften, soll hier dargelegt werden. Er ließ sich ja langsam an, dieser Luftkrieg, bis in die mörderischen Steigerungen hinein, so dass auch die Hunde sich an ihn gewöhnen konnten.

Bevor die deutschen Städte in Schutt und Asche sanken, erlebten die britischen den deutschen „Blitz“. Aber im Gegensatz zu Deutschland entstanden in London sofort Hilfsorganisationen, die sich der vielen gefährdeten Tiere annahmen. Aus der Metropole London sind auch Zahlen bekanntgeworden, die ein bezeichnendes Licht auf den Umfang der Tierwelt in Großstädten werfen: für London wurden 400.000 Hunde angegeben. Aber eben diese Zahl wird auch angegeben, wenn es sich in den ersten Kriegstagen um die Menge der spontan eingeschläferten Hunde und Katzen der Großstadt handelt. Ganz offensichtlich wollte ein großer Teil der Bevölkerung in gefährlichen Zeiten nichts mit der Haltung und Fütterung von Haustieren zu tun haben.

Erst einmal brach bei Londons Tierfreunden eine Hysterie aus, in deren Verlauf Tausende von Hunden getötet wurden. Prompt wurden zwei Vereinigungen gegründet: Einmal die R.S.P.C.A., eine Gesellschaft zur Tierwohlfahrt, und die P.D.S.A., der Hundeschutzbund. Diese Vereine nahmen der schwerfälligen Bürokratie die Arbeit aus der Hand, da sie doch nie zu echter Hilfe fähig sein würde. So sollen durch diese Tatkraft allein in London 256.000 Tiere vor dem sicheren Tod bewahrt worden seien. Es steht fest, dass in England mehr für bedrohte Tiere getan wurde als in Deutschland, wo Hunde nicht mit in öffentliche Lufzschutzbunker gebracht werden durften.

Beide kriegführenden Parteien begannen erst mit einer moderaten Bombardierung militärischer Ziele, so dass die private Hundewelt nicht zu sehr in Mitleidenschaft gezogen wurde. Doch zeigte sich dabei schon, dass Hunde bei brennenden und einstürzenden Häusern, während des Flakfeuers und dem Schrillen der Sirenen reinewegs aus dem Häuschen geraten können. Besonders dann, wenn ihre Bezugspersonen ausfallen und die gewohnte Umgebung sich rasant verändert.
„Eine Unmenge herrenloser Hunde", so ein Bericht aus der Zeit der ersten Bombardierungen Londons, *„irrte durch die Straßen und war vollkommen desorientiert. Sie mussten eingefangen werden, sollten sie nicht elend umkommen und in ihrer Angst wahllos um sich beißen. Andere Hunde waren zwar bei Beginn der Bombardierungen ausgerissen, fanden aber zurück und erkannten ihre Häuser auch dann, wenn sie brannten und eingestürzt waren. Wieder andere waren von ihren flüchtigen Herrchen und Frauchen in der Wohnung allein gelassen worden und heulten und bellten zum Erbarmen."*

Die Tierschutzorganisation des Blauen Kreuzes, die allein in Londen mehr als ein Dutzend Tierheime unterhielt, kümmerte sich trotz überfüllter Heime um die vielen Hunde und Katzen, welche unter Trümmern eingeschlossen waren.

„Ich war mit meinem etwas verfetteten Freddie“, berichtete Rentner Charly Lakner einer Zeitung, *„gemütlich in den Keller des Hauses gegangen, als die ersten Bomben fielen, und weil die Leute der Stadtverwaltung getönt hatten, ‚dein Haus ist bombensicher‘, fühlte ich mich nicht gefährdet. Doch Freddie war unsicher und aufgeregt, kläffte viel und drängte sich an den Ausgang. Da gab es eine Erschütterung wie vom stürzenden Felsgestein im Gebirge, ein Poltern gegen die Kellertür und Steinstaub durch die Ritzen. Jetzt gefiel es mir auch nicht mehr im Keller...“*
Sie waren verschüttet. Erst nach drei Tagen wurden sie ausgegraben, nachdem Freddie sich heiser gebellt hatte, bis er nicht mehr bellen konnte. Da übernahm Charly das Bellen, indem er mit einem Feuereisen gegen die Heizungsrohre gehämmert hatte. Gern überließ er seinem Hund den Vortritt ins Freie, den dieser auch wahrnahm, aber dann nie wiedergesehen wurde – ein Opfer des Luftkrieges.

Ein neuer Hundeberuf kam auf: Trümmersuchhunde. Aus ihm sind die heutigen in jedem Rettungsteam vorhandenen Spür- und Suchunde hervorgegangen. Es wird gerade aus Großbritannien berichtet, dass sich viele Hunde ganz spontan in und auf den Trümmern an die Suche machten, ohne je dafür ausgebildet zu sein. Kratzen, Buddeln und Scharren gehört nun einmal zu ihrem Handwerk, und ein Hund, der, ehe er einen Menschen fand, einer Katze oder einem Kollegen ins Freie verhalf und dafür belobt wurde, war schon auf halbem Weg zur Meisterschaft. Es wird allgemein angenommen, dass Hunde ihre Riechorgane einsetzen, wenn sie zu suchen beginnen, aber ebenso oft mag auch ihr Gehör, das, - jeder Waidmann weiß es -, Töne vernimmt, die dem Menschen verschlossen bleiben, den

Impuls zum Suchen gegeben haben. Für die meisten Bewohner Londons, Birminghams und Coventrys sind Trümmerhunde größere und wichtigere Kriegshelfer gewesen als Hunde im direkten Frontdienst.

Bis jetzt haben wir mehr oder weniger über „Hunde im Dienst der Soldaten“ oder im Umgang mit ihnen berichtet, Kriegs- und Kampfhunde sozusagen, „Privathunde“ hatten im ersten Krieg wenig mit den Schrecken zu tun, weil es nur wenige Bombardierungen von Städten gab. Doch der zweite Krieg sparte kein Lebewesen aus. (Frontsoldaten auf Urlaub berichteten übereinstimmend, dass ihnen der Luftkrieg daheim mit den Lieben im Keller mehr Schrecken einjage als die Kämpfe an den Land- und Seefronten). Des Großstädters liebste Kinder, Hunde und Katzen in großer Zahl, entwickelten in erstaunlich schneller Weise ihre Instinkte für die Gefahren des Luftkrieges. Im Prinzip wurden die gleichen Beobachtungen gemacht, welche die Soldaten der Grabenkriege von 1914 machen konnten: Hunde passten sich an. (Wir erwähnen nur nebenbei und der Sache halber, dass auch die Wildtiere der betroffenen Gebiete der Ost- und Westfront, nämlich Rot- und Rehwild, Sauen, Füchse, Dachse und alle Wiesel teilweise ihre Lebensweise weiterführten, alls ginge sie der tödliche Lärm nichts an.) Wir müssen bedenken, dass auch das klügste und gelehrigste Tier nicht in der Lage ist, das menschliche Treiben zu verstehen. Aber es versteht die Zeichen der Zeit: Sirenentöne, eine Beleidigung für jedes Hundeohr, wurde bald mit Gefahr verbunden, nächtliches Eilen von Herrchen und Frauchen in den Keller, treppab und unter erstem Gedröhn der Flugabwehr, mochten manchen Hund noch als Spiele und Zeitvertreib vorkommen.

Doch wenn es dann wirklich im Gebälk des Hauses krachte und knirschte, der Staub rieselte, das Licht flackerte oder ausging und Personen stöhnten, aufschrien und weinten, dann packte auch einen tapferen Hund das Grauen und er verkroch sich in einen hinteren Winkel des Kellers.

Was wir an dem Londoner Hund Freddie schon erfahren haben, geschah auch in deutschen Städten. Gisela Fahrenhorst aus Dortmund konnte ihren Kurzhaardackel Asta ernährungsmäßig nur versorgen, weil sie einen kleinen Garten besaß, in dem sie heimlich Kartoffeln pflanzte und Kaninchen züchtete. Weil Asta eine notorische Kartoffelfresserin war, reichte Giselas Zuteilung durch die Lebensmittelkarten nicht aus: Asta benötigte täglich einmal einen gehäuften Napf Stampfkartoffeln, auch Kartoffelpüree genannt, mit dicker brauner Soße, und wenn in dieser ein paar Stücke Fleisch schwammen, war sie überglücklich. Sie merkte natürlich nicht, dass diese Fleischstücke von ihren Freundinnen, den braven Kaninchen, stammten.

Nun trieb ein Sirenengeheul Gisela und Asta in den hauseigenen Keller. Gisela hätte lieber den kürzlich neueingerichteten Betonbunker in der Nachbarstraße aufgesucht, doch dort empörte sich die Belegschaft über „die Anwesenheit blöder Köter“. Bisher hatte sich Asta im Keller moderat bis gemütlich verhalten, denn außer Sirenentöne, die hier unten wenig störend seine scharfen Ohren erreichten, hatte es Flakdonnern, Motorengedröhn und mittlere Erdbeben durch nahe Bombenwürfe nicht gegeben. Doch diesmal Ende 1943 war Dortmund nicht Neben- sondern Hauptziel des britischen Nachtangriffs geworden. (Münster war das Nebenziel!)

Was nun in diesem Kellergewölbe geschah, muss Astas Gehirnmasse in völliges Durcheinander gebracht haben:

„...als nun die Bombenreihen“, berichtete Gisela später ihren Eltern, *„in pausenloser Folge in der Umgebung des Hauses niedergingen und es erzittern ließen, dass der Putz von der Kellerdecke fiel, rührte Asta ihr Essen nicht mehr an, setzte sich vor die Kellertür und begann an ihr zu kratzen, als wenn ein Mäusenest dahinter steckte. Ihre angst- und vorwurfsvollen Blicke auf mich und die anderen Kellerinsassen drangen ins Herz wie Pfeile der Indianer im Wilden Westen in die Büffel...“*
Ja, dachte Astas Herrin betroffen, da haben wir Menschen uns unsere Hunde zu Knechten und Dienstleuten herangezüchtet und können ihnen jetzt in jenem Unfug, den wir angerichtet haben, nicht helfen. Schließlich legte sich Asta vor die Tür und kümmerte sich um nichts mehr und schien mit ihrem Leben abgeschlossen zu haben. Doch damit täuschte sie nicht nur ihr Frauchen.

Auch als nach dem Ende des Angriffs Ruhe im Keller einkehrte, das heißt sich die Menschen zum Weiterleben gratulierten und wieder zu reden anfingen, jemand sogar hinging, Asta ansprach, streichelte und auf den Arm nahm, spielte sie den Scheintoten oder Hochbeleidigten – man kennt das ja von Dackeln!
„Sie wird schon wieder“, sagte Gisela.
Und tatsächlich: Die Sirene gab Entwarnung und von außen begann der örtliche Luftschutzwart die Tür zu öffnen. Asta flutschte ihm durch die Knobelbecher nach draußen und – ward nie wieder gesehen!

Dies war ein Extremfall durchaus richtiger hündischer Reaktion. Jeden Monat einmal traf sich hier der Verein „Hundeliebhaber“ und seit diesem Großangriff gab es kein anderes Thema als „Unsere Hunde im Luftkrieg“. Dabei stellte

sich heraus, dass Astas Verhalten doch bisher einmalig war.
„Mein Hund“, erzählten mehrere Teilnehmer, „reagierte anders: Er war freiwillig nicht mehr in den Keller zu bekommen, und wenn wir ihn zwangen und hineintransportierten, hockte er beleidigt in irgendeiner Ecke und sprach nicht mehr mit uns. Noch tagelang später, bis zum nächsten Angriff, war er uns geistig verlorengegangen, verweigerte einen Tag lang die Nahrung und vernachlässigte seine Pflicht als Bewacher von Wohnung und Anwesen.“

Ein anderer Hundebesitzer der Gesellschaft wusste Gegenteiliges zu berichten, Klassenbester der Oberprima und bei jedem zweiten Alarm als Flakhelfer verpflichtet:
„Ich darf bei jedem Einsatz unsere Pussi mitnehmen, eine Pudeldame, die der ganzen Geschützmannschaft in Ruhezeiten viel Unterhaltung bietet und Freude bereitet, wenn man ihr zuruft ‚Wo steckt der Tommy?’. Dann tanzt sie und bellt den Himmel an. Man meint, ein so sensibles Hundewesen müsste bei Alarm und dem Feuer unserer 8,8, (ein schweres Flakgeschütz), und dem Prasseln unseres Vierlings, (ein leichtes vierrohriges schnellfeuerndes Flakgeschütz), die Nerven verlieren – ein Irrtum hier! Als alle Soldaten beim Abwehrfeuer beschäftigt waren und sich um sie nicht kümmern konnten, zog sie sich hinter einem Stapel von 8,8-Hülsen zurück und schlief den Schlaf des Unbeteiligten. Der Lärm war höllisch: Jede Minute ein Kanonenschuss, Dauerfeuer durch die Vierling, Explosionen der Sprengbomben, das Krachen einstürzender Häuser, Angstgeschrei der aus den Kellern flüchtenden Menschen – Pussi schlief und zwinkerte nicht einmal mit den Augen, auch ihre Ohren zuckten nicht. Da machte ich einmal in einer Feuerpause den Versuch, sie aus der Reserve zu locken.

Ich kannte ja ihren abgrundtiefen Groll gegen Katzen. So sagte ich in beiläufigem Tonfall nur ‚die weckt auch eine miauende Katze nicht' und schon explodierten keine Granaten mehr, sondern Pussi – sie sprang hoch, begann das Gelände abzusuchen und sah mich dann vorwurfsvoll an. Ja, wir lernen durch diesen verdammten Krieg viel über unsere Hunde."

Zeitungsredakteurin Ursula Hecker aus Münster besaß ihren Terrier Pucki seit 1938. Da gab es schon manchen Probealarm, denn Deutschlands Oberster wusste als einziger Deutscher ja schon, dass aus Übungen bald der Ernstfall eintreten würde. Beim ersten Aufheulen der auf dem Nachbarhaus installierten Sirene schaute Pucki ihre Herrin erwartungsvoll an und Ursula erkannte, dass sie eine Erklärung abgeben musste:
„Das ist alles Schnickschnack, mein Pucki!"
Pucki verstand immerhin soviel, dass sie beim nächsten Probealarm Anfang 1939 nur das Wort Schnickschnack zu vernehmen brauchte, um sich zu beruhigen. Dabei hätte es bleiben können, aber der Mann aus Braunau wollte es anders.

Den ersten echten Fliegeralarm gab es noch 1939, doch war er mehr vorsichtshalber als notwendig gewesen. Pucki wohnte am östlichen Stadtrand, wo es am Kanal eine gewisse Menge kriegswichtiger Firmen gab, unter anderem eine überdimensional große Holzimport- und Exportfirma. Das wussten die Engländer. Pucki schlief in ihrem Bett vorm Schlafzimmer ihrer Herrin und träumte vielleicht von einem Hundehimmel voller netter Rüden, als der Schnickschnack losging. Inzwischen hatte man den Voralarm eingeführt, ein langer gleichmäßiger Sirenenton, der bei Vollalarm auf- und abschwoll; wenn also Luftgefahr drohte. Aber erst, als sich nach dem Sirenenton das erste Mal ein nicht aufdringliches, aber konstant sich steigerndes Motorengeräusch vernehmen ließ, spitzte Pucki die Ohren und kratzte an der Schlafzimmertür ihrer Meisterin.

Diese war, wie die meisten der hiesigen Stadtleute, nicht in den Luftschutzkeller gegangen, weil bisher keine Bomben gefallen waren. Ursula Hecker öffnete und schwuppdiwupp war Pucki in ihrem Bett untergetaucht. Dort wäre sie verblieben, wenn jetzt die kaum einen Kilometer entfernte Flakstellung nicht mit ihrem Abwehrfeuer angefangen hätte. Jetzt klirrten Fensterscheiben, Splitter prasselten aufs Dach des Einfamilienhauses, man hörte das Pfeifen fallender Bomben und deren Explosionen, die knatternden Einschläge von Hunderten Stabbrandbomben – und Ursula Hecker rechnete in Gedanken hoch, um wieviel lauter dies alles in Hundeohren ankommen müsste: zehn-, fünfzig- oder gar hundertfach?

Pucki jedenfalls hatte die Ohren voll: Sie fetzte aus dem Schlafzimmer im ersten Stock nach unten zur Haustür, welche sie, wenn sie hochsprang und beide Pfoten auf die Klinke drückte, durchaus öffnen konnte. Aber seit dem 3. September 1939 war sie stets abgeschlossen. Jetzte fegte Pucki durch das gesamte Erdgeschoss, aber kein Fenster war geöffnet oder angelehnt und zerklirrte auch nicht, wenn sie mit voller Wucht ihrers Körpers dagegen sprang.

Aus dem Bereich der Holzfirma drang nun hell- und dunkelroter Feuerschein über die Landschaft, knatternd brachen die Lagerhallen in sich zusammen. Das Flakfeuer hatte aufgehört, das Zischen rasendschnell durch die Luft schießender Me 109, (ein Jagdflugzeug), war neben dem „Tatütata“ der von allen Seiten zum Brandherd eilenden

Feuerwehren zu hören. Ursula Hecker fand Pucki nicht und wagte es, die Haustür zu öffnen, gerade als die Sirenen „Entwarnung“ sangen – da brauste Pucki wie von Raketen angetrieben ins Freie. Wo sie die drei folgenden Tage verbracht hat, ist nie festgestellt worden, jedenfalls stand sie dann etwas zerrupft und abgemagert vor der Haustür und wartete darauf, dass entweder Frauchen kam oder jemand ihr die Tür öffnete. Frauchens Gespräch mit einem Kynologen der Univertität ergab, dass sie in Zukunft Pucki „machen lassen solle was diese wolle“ und sie keinesfalls beschimpfen dürfe:
„Ein böses Wort, einen Klapps gar – und sie kehrt nie zurück.“
Wer sich wie dieser Fachmann in ein Hundehirn einzuklinken verstand, der begriff auch, dass Pucki fortan den ersten Sirenenton zum Voralarm als Anlass nahm, das Haus zu verlassen und den letzten Entwarnungston abwartete, um zurückzukehren. Und wo verblieb sie in der Zwischenzeit? Bei einem stadtnahen Landwirt, der sie als Hofhund anlernte, fütterte und gut behandelte – das erfuhr Ursula Hecker aber erst nach dem Krieg. Pucki trottete, leicht steifbeinig geworden durch Arthritis oder Arthrose, bis 1950 hin und her, bis er sich in seinem echten und ersten Zuhause abends in sein Bett legte und am 21. Februar 1951 nicht mehr aufwachte – RIP! Doch auch sie hat eine Nachkriegsgeneration Terrier hinterlassen...

Viele Hundebesitzer, deren Häuser unzureichende Keller oder gar keine besaßen, verzichteten dennoch auf den Bunkerbesuch, weil sie ihre Hunde nicht allein zu Hause lassen wollten, während sie selbst in größerer Sicherheit waren. Nicht so Katharina Abramowski, die sich einen Schnurz

um die Vorhaltungen des Blockwarts Biesterfeld kümmerte, welcher am Bunkereingang kontrollierte. Sie steckte Schnurzi, ein Edelpekinese, der wie alle Asiaten das strikte Schweigen beherrschte, in ihre Notfalltasche und deckte ihn mit einem leichten Wollpullover zu.
„Na, Muttchen, wo hamse denn den Schnurzi gelassen?"
„Der pennt in meinem Bett, Vatterchen. Willste nachsehen?"

Wollte er nicht. Die Nachbarn und Bekannten im Bunker wussten Bescheid, aber niemand denunzierte, zumal Schnurzi tatsächlich keinen Sitzplatz blockierte. Es ging solange friedlich zu im Bunker, bis die Stadt Hamm zum ersten Mal einen jener Angriffe ertragen musste, die später für Essen, Wuppertal, Hamburg und Dresden zur Norm wurden. Der Bunker wankte in den Fugen, Zement bröckelte nach unten und erste Schreie „wir müssen raus hier!" ertönten. Das wurde dem geduldigen Schnurzi dann doch zuviel, wie ein flinker kleiner Pavian krabbelte er aus der Tasche, um sich unter einer Sitzbank zu verkriechen, nachdem er festgestellt hatte, dass die Bunkertür verschlossen war.

Inzwischen war den Leuten bekanntgemacht worden, dass große Teile der angrenzenden Häuser in Flammen ständen, und kaum ließ das Flakfeuer nach und noch vor der Entwarnung verlangten sie Auslass. Ehe jemand es verhindern konnte, flitzte Schnurzi zwischen allen Beinen und Füßen hindurch nach draußen. Nur eine Augenzeugin hat ihn beobachtet:
„Wie ein gehetztes Kaninchen kam der kleine Hund ins Freie und rannte sofort zu der aufgeplatzten Tür seines Hauses und verschwand im lichterloh brennenden Innenteil des Hauses..."

Wir kommen später noch einmal auf dieses sonderliche aber verständliche Verhalten von Hunden zurück.

Augenzeuge Ernst Hausmann aus Münster berichtet von seinem Beagle Purzel, der nie bei einem Sirenenton Angst gezeigt, aber bei dem jetzt einsetzenden Geheul offenbar ziemliche Ahnungen hatte:
„Zum ersten Mal krochen unser Hund Purzel und unsere Katze Muschi unter die Couch. Da begann dieser Angriff und die beiden sonst immer Zerstrittenen machten nun alles gemeinsam, und weil sie nicht mit in den nahen Bunker durften, flüchteten sie außer Haus ins freie Feld am Stadtrand und kamen erst am nächsten Abend zurück. Sie hatten so lange gewartet, weil immer noch Blindgänger hochgingen und sie beunruhigten."
Und es war ja erst Herbst 1943! Noch eineinhalb Jahre mussten alle Hunde, die noch lebten und von ihren Herrchen und Frauchen unverbrüchlich in Treue gehalten wurden, das Kriegtheater über sich ergehen lassen. Noch Jahre nach dem Krieg, als in Deutschland schon wieder Sirenen ertönten, - freilich nur zur Probe -, verkrochen sich Purzel und Muschi, die nun ein verliebtes Paar bildeten, unter einer neuen Couch im neuen Wohnzimmer.

Aber was geschah bei den wirklich bisher nicht gekannten Großangriffen auf die deutschen Städte mit den nicht gezählten und kaum registrierten Hunden? Bei den Flächenbombardements, unter denen ein Hund oder eine Katze nicht mal eben in die Nachbarschaft oder an den Stadtrand ausweichen konnten? Bei den Bombenkalibern und Brandsätzen, auf welche gewöhnliche Wohnhauskeller und auch nicht alle Bunker eingerichtet waren? Gab es noch Volks-

und Zeitgenossen mit genügend Toleranz und Herz für Tiere, um Hunden trotz aller Verbote einen Platz im Bunker zuzugestehen?

Überlebende der Katastrophen von Hamburg und Dresden berichten von streunenden und wehklagenden Hunden aller Größen und Rassen, die Tage nach den Angriffen orientierungslos durch die Trümmer irrten: Auf der Suche nach dem vertrauten Haus, der gewohnten Hundehütte, dem liebgewordenen Zwinger und natürlich auch nach Herrchen und Frauchen. Wieviel Hunde mögen umgekommen sein? Anhaltspunkte könnte die Zahl der zerstörten Wohnungen geben: 556.000 in Berlin, 295.000 in Hamburg, 176.000 in Köln; in manchen Mittelstädten wie Düren und Paderborn sind über 95% der Wohnungen zerstört worden. Weil die Deutschen bis zum Kriegsende nicht wesentlich zu hungern brauchten, gab es in den Städten mehr Hunde und Haustiere als im ersten Krieg.

Dass Hunde wie Menschen wandelbare, nie genau einzuschätzende Lebewesen sind, beweisen die unterschiedlichen Kriegsabenteuer beider. Wie kommt ein nicht ausgebildeter Schäferhund wie Hasso der Beste dazu, sich am Kriegsabenteuer der Zweibeiner zu betätigen? Er wohnte mit dem kriegsversehrten Herrchen Wastl Feinauer am westlichen Stadtrand Münchens und beide waren eben, Wastl mit dem Fahrrad, Hasso im gemächlichen Trab nebenher, an diesem Augustmittag von 1943 an ihrem ersten Rast- und Brotzeitplatz angekommen. Da tönte von der Stadt ein Vollalarm herüber. Ein sonniger Sommertag heute, zum Wochenende wollten beide mit dem Zug zum Tegernsee fahren. Dieser Plan kam Wastl jetzt in Erinnerung, weil er just jetzt von dorther das grummelnde und bedrohlich anschwellende Lärmen eines Bomberverbandes vernahm.

Ja, nun bekam er mit seiner Meinung als ehemaliger Luftwaffenpilot recht, dass die tagsüber angreifenden Amerikaner bald vom Süden her, von Italien nämlich, Süddeutschland angreifen werden. Etwa 250 viermotorige Bomber waren als Silbervögel nun zu erkennen, ungestört, unbefeuert von den angeblich unbesiegbaren deutschen Jägern zogen sie heran, weiße Streifen hinter sich lassend. Am Stadtrand empfing sie die Münchner Flak und schoss drei Bomber ab, die anderen kamen bis über die Stadtmitte durch und luden dort ihre Bomben ab. Brände entstanden kaum, aber eine riesige Staubwolke stieg in den Himmel – den die Bomber in Richtung Nordseeküste verließen, um, wie Wastls es vermutet hatte, dann in Großbritannien zu landen.

Wastl, zwar gebannt von diesem ungeheuerlichen Geschehen, beobachtete hauptsächlich seinen Hasso, der neben ihm auf der Bank hockte. Er hatte von Anfang an die Flugzeuge, für ihn wohl große jagdbare Vögel, interessiert betrachtet und dabei leicht knurrend seinem Herrn Missfallen bekundet, indem sich seine Genickhaare sträubten und seine Lefzen zu tropfen anfingen. Er möchte nach Hause, folgerte Wastl. Dort, in unmittelbarer Nachbarschaft, war eine Notwurfbombe in das Haus geschlagen, das Wastls und Hassos Freunde Schornsteinfeger Korbinian und Spitz Pfiffi gemeinsam bewohnten.

„Se sin noch drin innen Keller“, versicherten Nachbarn.

Sie hatten gerade mit den Rettungsarbeiten angefangen. Hasso umkreiste, die Nase am Boden, das Grundstück und bellte erfreut auf, als er Pfiffis Antwort vernahm – die für menschliche Ohren unhörbar war. Hasso beschnüffelte eine Stelle im Trümmerhaufen und begann zu scharren.

Er führte also sozusagen den Suchtrupp an. Andere Hilfe war natürlich weit und breit nicht zu erwarten, weil alle Feuerwehr- und Rote-Kreuz-Wagen in der Innenstadt eingesetzt waren. Nach einer Stunde war ein Ausstieg geschaffen und Pfiffi erschien als Kleinster auch am ersten – seine Wiedersehensfreude mit Hasso ist leider nicht gefilmt worden...

Es gibt noch einige Szenen mit ungelernten Trümmerhunden, die wir hier aber nicht bringen können. Es sei an dieser Stelle noch der vielen vierbeinigen Helfer gedacht, die – nur dies eine Beispiel – in Dresden umgekommen sind: Alle Feuerwehren, meist Freiwillige, der umliegenden Gemeinden und Dörfer im Weichbild Dresdens waren verpflichtet, im Ernstfall zu Hilfe zu kommen. Alle hatten Such- und Spürhunde bei sich: Sie und alle ihre Herrchen sind im Inferno umgekommen, weil die Alliierten bewusst dem ersten Brandbomben- den Sprengbombenhagel folgen ließen...

Revierförster Ignaz Miller, einarmiger Kriegsversehrter seit 1939, konnte dennoch seinen Dienst im Berliner Grunewald versehen, der damals noch ein gutes Rorwildrevier war und bis 1941 noch von grünbraunen Nazigrößen jägerisch genutzt wurde. Jetzt, 1944, fühlten diese Herren selbst Jäger im Nacken und verzichteten auf Ansitz-, Drück- und Treibjagden. Doch Wildfleisch für ihre Küchen, Tische und Teller war stets willkommen – es war damals leicht, allen Staatsdienern Befehle zu erteilen.

Darum saß Miller im September 1944 mit Deutsch-Kurzhaar Hektor vom Spreewald auf seiner Kanzel (ein Hochsitz) im Grunewald, um das in der jetzigen Brunftzeit (Paarungszeit) weniger vorsichtige Rotwild in einer echten Fleischjagd zu schießen. Einarmig konnte er nach wie vor Leitern ersteigen und das Jagdgewehr bedienen und auch Hektor war ein versierter Leiterkletterer. 15 Uhr. So saßen Herr und Hund einträchtig auf dem Hochsitz nebeneinander, vesperten und sperrten Augen, Ohren, Mund und Schnauze auf. Hektor war ein exzellenter Horcher und hörte ankommendes Wild eher als er es roch oder sah. Da ertönte Vollalarm von Berlin herüber. Erste deutsche Jagdflieger bevölkerten den blauen Herbsthimmel, schon bellten die Flakgeschütze: Offenbar wurde die deutsche Hauptstadt von einem Tagesangriff der Amerikaner, die diesmal von Osten her anflogen, vollkommen überrascht.

„Jagd und Schießen adé“, dachte Miller. Aber er irrte sich. Noch hatte er keine Erfahrung damit, wie freilebendes Wild sich an Umstände gewöhnen kann, wenn sie zur Dauererscheinung werden. Hektor war's, der ein Rudel Rotwild seinem Herrn meldete. Weil der leichte Herbstwind entgegenstand, konnte er es nicht gewittert (gerochen), musste es also gehört haben. Und so war's auch: Hektor knurrte leicht, was für Herrchen „Achtung“ bedeutete, und schon trat linkerhand ein Alttier (weibliches Leittier) auf den Wiesenschlag, dem ein zehnköpfiges Rudel aus weiteren weiblichen Hirschen mit ihren diesjährigen Kälbern folgte. Diese Kälber waren es, die Miller schießen wollte, denn sie geben ein hervorragendes Fleisch ab, das jeden Naziboss zum Feinschmecker macht.

Miller lobte und streichelte Hektor für seine Leistung, doch Hektor starrte noch immer lauschend in den Wald.

Und wieder bestätigte sich seine Fähigkeit zum Hören: Es war ja Brunftzeit (Paarungszeit) und zum ganzen Idyll hier auf der Waldwiese fehlte nur noch der röhrende (schreiende) Chef der tierischen Gesellschaft: der Platzhirsch. Miller, der noch immer diese friedliche Realität von Leben und Evolution nicht glauben mochte, zögerte mit dem ersten Schuss – dieser würde sowieso diese Geschichte beenden und musste demnach treffen.

(Nur zur Belehrung: Größeres Wild wie diese Hirsche hier hat man mit einem „Blattschuss“ zu erlegen, das ist ein Volltreffer seitlich direkt ins Herz, so dass ein Tier auf der Stelle tot umfällt und keine Sekunde zu leiden hat. Nach dem Knall des Schusses pflegt ein Hirschrudel augenblicklich zu flüchten.)

Gerade jetzt wurden Miller und Hektor abgelenkt: Ein angeschossener US-Bomber, dessen MG-Munition in der Luft zu explodieren begann, schwebte von oben ein und stürzte einen Kilometer weiter nördlich mit einer gewaltigen Explosion auf die Erde, dass der Boden bis hierher bebte. Seine Bombenlast explodierte eine Minute lang – Millers Hirsche kümmerte das nicht, der Platzhirsch besprang (begattete) soeben eine seiner Geliebten, so dass Miller eines der querstehenden Kälber beschoss.

Nun mag ein nicht informierter Leser glauben, ein Gewehrschuss keine fünfzig Zentimeter neben einem empfindlichen Jagdhundohr müsste das Trommelfell dieses Ohres zerplatzen lassen. Aber: Hektor zuckte nicht einmal zusammen und richtete nach alter Jagdhundgewohnheit sein Augenmerk auf den Erfolg des Schusses: Das Kalb brach ohne Mucks und andere Zuckungen zusammen, als hätte es sich sowieso zum Ruhen niederlegen wollen. Auch seine nebenstehende Mutter reagierte nicht, ebeso das gesamte Rudel nicht. Inzwischen steigerte sich die Luftschlacht über Berlin zum *finale furioso*, weil ein frischer Schub von deutschen Me 109 eingetroffen war und die nach Hause abdrehenden Bomber unter Feuer nahm. Wrackteile fielen vom Himmel, menschliche Körper, deren Fallschirme sich nicht geöffnet hatten, fielen wie Meteore herab und am Rand der Waldwiese ins Unterholz – jetzt warf das Leittier doch auf, (wurde aufmerksam), so dass Miller sich entschloss, den nächsten Schuss anzubringen; das Kalb starb wie das erste, rasch den dritten Schuss fürs dritte – da stob das Rudel scheinbar entsetzt dorthin zurück, wo es vorhin hergekommen war.

Miller erschrak, als Hektor wie wild zu bellen anfing und sich anschickte, vom Hochsitz zu springen. Ja, er hatte die letzten Sekunden scharf aufgepaast und beobachtet, dass die Wiese einen neuen Besucher bekommen hatte: US-Officer Mark Clark war gelandet! Hektor, auch zu Hause gegen alles Fremde und alle Fremden allergisch reagierend, mochte das nicht hinnehmen: Hier war Herrchens Revier! Ehe Miller ihn halten konnte, sprang er den fünf Leitersprossen hohen Ansitz hinunter und eilte auf den Flieger zu, der mit seinem Fallschirm kämpfte und glaubte, hier allein zu sein. Hektor umkreiste ihn bellend und Miller sah zu, dass er zu den Beiden hinkam.

„Da habe ich nun“, sagte er zu sich selbst, „einen lebenden Gefangenen und drei tote Kälber auf der Wiese liegen und einen Hund, der sich nicht beruhigen mag.“

Mark Clark glaubte wegen Millers Revieruniform und seines Gewehrs einen deutschen Soldaten vor sich zu haben und ergab sich; er war der einzige Überlebende seines Bombers. Mit seinem brockenhaften Schulenglisch versuchte Miller dem Gefangenen zu erklären, dass ein Soldat, der sich dem Feind ergeben habe, nicht fliehen dürfe und dass „this dog Hektor“ sehr bissig sei und ihn anspringen würde, wenn nur einen Schritt mache. Hektor bekam den Befehl „Sitz“, setzte sich und schaute seinem Herrn nicht einmal nach.

Nach einer Stunde kam Miller mit zwei Feldgendarmen und einem Pferdegespann zurück, die eine zweibeinige und die drei vierbeinige Beute aufzuladen. Hektor hatte sich nicht einen Zentimeter von der Stelle gerührt, vor ihm lagen Teile der Notverpflegung des Piloten, eine Art Knäckebrot, Hartwurst und Cadbury-Schokolade, mit dem dieser ihn zu bestechen versucht hatte. Erst jetzt, als Miller ihn von seinem Befehl erlöste, aß er das alles hastig auf und schaute den Gefangenen so freundlich an, dass dieser ihm den Kopf streichelte und sagte:
„He is a brav german dog and he is my friend.”

Im Verlauf des sich steigernden Luftkrieges und der sich dem Deutschen Reich nähernden Fronten geriet ein weiterer tierischer Lebensraum in akute Gefahr: die Bauernhöfe am Rand der Städte und später auch die einzeln und verstreut liegenden. Ein Bauernhof steht rasch in Flammen, eine Leuchtspurgarbe von Tieffliegern genügt, eine einzige Stabbrandbombe auf die Diele oder in den Stall oder, - wie es die Engländer eigenhändig selbst gefilmt haben -, eine Napalmbombe ins Wohnhaus, und schon brennt alles ab, ehe die Dorffeuerwehr ankommen konnte. Man fand Hundegerippe noch an der Kette, von MG-Garben durchlöcherte Hunde in Zwingern und ein Bauer schilderte:
„Ich hatte die Leine des Hofhundes Dingo, der mit uns fassungslos das Verbrennen des Kuhstalls ansah, für einen

kleinen Moment aus der Hand gelassen, da rannte er bellend los und stürmte ins lodernde Haus...“
Grenadier-Gefreiter Otto R. berichtet aus der Ukraine 1941 über ähnliche Fälle von Hof- und Wachhunden, welche ein Leben lang so an ihren Lebensraum gebunden waren, dass sie lieber starben als ihn aufzugeben:
„Wir haben damals, im ersten Kriegsjahr gegen Russland, die Häuser und Höfe der ländlichen Zivilbevölkerung noch nicht willkürlich angesteckt und in Flammen aufgehen lassen wie später, sie gerieten meist in Folge der Kampfhandlungen in Brand. Da standen nun die Bewohner, hatten außer Lebendigem nichts gerettet und sahen nun zu, wie ihre Häuser und Hütten wie Zunder niederbrannten. Auch ihre Hunde hatten sie gerettet und hielten sie locker an der Leine fest. Wer von ihnen und uns hätte je gedacht, was nun geschah: Ein Hund riss sich plötzlich los und stürmte kläffend und aufheulend in sein Haus zurück, wo er augenblicklich verbrannte. Ehe die anderen Hundehalter, darunter Frauen und Kinder, sich von diesem Schreck erholt hatten, rissen sich vier andere Vierbeiner ebenfalls los und erlitten das gleiche Schicksal wie ihr Vorgänger. Wir Soldaten, vom Gefreiten bis zum Kompaniechef, ob Hundeliebhaber oder nicht, waren echt erschüttert und wussten keine Erklärung für dieses selbstmörderische Verhalten abzugeben...“

60-Hektar-Bauer August Hilgemann berichtete vom April 1945, also vier Wochen vor der deutschen Kapitulation:
„Wir hatten während unserer Feldarbeit immer mal wieder die Luftkämpfe am Himmel mitverfolgen können, bei denen unser Nelli, ein starker Schäferhundrüde, sich nicht einkriegen konnte vor Aufregung und sich bis zum Umfallen

heiser bellte. Dann, als wir Anfang April die noch kleinen Kornblumenpflanzen per Hand aus den Reihen der jungen Roggensaat zupften, spitzte Nelli in westliche Richtung die Ohren und bellte so wütend wie noch nie den leeren Himmel an. Leerer Himmel und ein zorniger Hund? Gab es das?"

Gab es natürlich nicht! Gute Wachhunde haben immer recht, wenn sie sich aufregen: Über einem Baumbestand im Westen kam ein Tiefflieger herangebraust, dass die Wipfel sich bogen und Nelli wie beim Fasanenwildern in die Luft sprang. Offenbar war der Pilot selbst überrascht, ein halbes Dutzend Landleute so plötzlich unter sich zu haben, jedenfalls schoss er nicht und flog vorüber.

„...als er im Osten einen Bogen zu schlagen begann, begriffen wir unsere prekäre Lage, rannten wie von Hunden gehetzte Hasen ins angrenzende Gebüsch und warfen uns zu Boden; Nelli zwischen uns, denn nun schien ihm das Ganze ein passables Versteckspiel zu sein. Der Pilot hatte inzwischen seine Maschine wieder auf Kurs West gebracht und donnerte schießend über uns hinweg. Wieder erkannte er zu spät, dass seine Opfer das Feld geräumt hatten."

Noch einmal drehte der hartnäckige und gewiss mörderisch gesonnene Pilot im Westen die Kehre und Nelli nahm das zum Anlass, ihn gebührend und aufbellend zu empfangen – er lief mitten in die im Acker aufspritzende MG-Garbe hinein. Der Erzähler dieser unerhörten Geschichte, jetzt nicht nur im Sessel, sondern auch auf dem Altenteil (eine Art Leibrente) sitzend, empörte sich noch im Nachhinein:

„So gegen Ende eines bereits gewonnenen Krieges noch Jagd auf Landleute und Hofhunde zu machen, war auch nicht die feine Art..."

Hunde in Not zum Kriegsende

Die Berichte zu diesem traurigen Thema stammen allesamt aus dem Osten. Über die Grausamkeiten, welche sich die russischen Soldaten da erlaubten, gibt es Akten, Zeugenaussagen, Weißbücher und Erlebnisberichte genug, jedoch wird selten vom Leiden und Sterben unserer Hunde dort erzählt. Wir konzentrieren uns hier darauf. Was die Menschen damals erstaunte und uns auch heutzutage noch rätselhaft erscheint, ist das Wüten der russischen Soldaten gegen die Tierwelt in den eroberten Gebieten. Galt nicht schon immer der russische Mensch als tierlieb? Wer hatte ihn damals so aufgehetzt, dass folgende Tatsachen entstehen konnten? Fragte sich auch Pastor Theodor Krause aus Ostpreußen, der, weil ein großer Teil seiner Gemeinde nicht nach Westen geflüchtet war, auch daheimgeblieben war. Sein Bericht befasst sich zwar nicht mit Hunden, aber wir machen hier eine Ausnahme in unserem Thema, weil sie typisch für die Aufhetzung einfacher Menschen zu Mitmenschen und Tieren ist:

„...es war Ende April 1945 und die ersten Welle des Untergangs Ostpreußens war schon vorübergeschwappt. Wir Daheimgebliebenen wähnten uns davongekommen zu sein und wussten nicht, dass in allen Armeen der Welt die aktiven Kampftruppen der ersten Linie sich einigermaßen moderat verhalten. Erst die zweite Welle der Etappenleute und Drückeberger ist zu fürchten. Da setzte plötzlich ein Gewehr- und MP-Feuer ein, so dass wir glaubten, Hitlers Truppen hätten sich besonnen und kämen zu Wiedererobe-runng zurück. Doch Jubel und Gelächter der in den Himmel schießenden Rotarmisten passten dazu nicht. Es geschah etwas, das in der Jahrtausende alten Geschichte Ostpreußens noch nicht vorgekommen ist: Die aus dem

Süden heimkehrenden Störche und Kraniche, große lockere Verbände am Himmel, wurden unter Feuer genommen! Die Getroffenen flatterten wie alte Hüte oder Papierlappen zur Erde...“

Rentnerin Edeltraut Abramowski aus Allenstein war nicht geflüchtet, weil ihr Mann dieses Abenteuer nie überstanden hätte. Sie war mit Rottweiler *Hanswurst* zu einem verlassenen Bauernhof am Rand der Stadt unterwegs, um einige Kartoffeln und andere zurückgelassene Lebensmittel zu organisieren. Ein paar herrenlose Hunde streiften durch Straßen, Gassen, Anwesen und über Land und warteten auf ihre Herrschaften oder wenigstens etwas zum Mampfen:
„Da brauste ein amerikanischer mit sechs Rotarmisten besetzter Jeep heran“, erzählt Edeltraut noch heute aufgebracht, *„und alle Soldaten außer dem Fahrer feuerten mit MPs auf jeden Hund, den sie sahen und aufscheuchten. Mein Hanswurst sagte wuff und hing tot an der Leine. Die Hundelandstreicher nebenan auf der Straße kippten einer nach dem anderen aufheulend und winselnd auf den Bürgersteig, zappelten und verreckten elend..“*
Dann wird die Erzählerin nachträglich noch zornig und nachtragend:
„Meine gleichalte Freundin Barbara lag gegenüber im Fenster des zweiten Stocks und hatte neben sich ihren zwölfjährigen Lebensgefährten und Golden Retriver Dölfchen, (einst nach dem kleinen A.H. genannt), und beobachtete das russische Treiben. Eine MP-Kugel erwischte Dölfchen am Hals und ließ ihn, entgegen der Geschossrichtung, aus dem Fenster auf die Straße fallen.“

Die zweifellos betrunkenen russischen Soldaten fuhren dann durch die von den beiden alliierten Bombenangriffen verschont gebliebenen Wohnviertel Königsbergs, die von Deutschen fast verlassen, wo aber viele Hunde allein geblieben waren, und schossen diese während der Fahrt über den Haufen. Spitz *Bello* schaffte es dennoch, das Auto anzufallen und biss sich so im Vorderreifen fest, dass er ein paar Meter mitgeschleift und dann vom Reifen im hohen Bogen in den seitlichen Graben geworfen wurde. Auch Mischlingspinscher *Simba* hatte kein Glück, als er, vor Schmacht regelrecht wahnsinnig geworden, dem Jeep entgegenstürmte: Der Fahrer machte eine leichte Linksbewegung am Lenkrad und fuhr ihn platt.

Wo in Königsberg zwischen der Flucht der Bewohner und Eigentümer und der Neubesiedlung durch asiatische und mongolische Neusiedler ein gewisser Leerlauf entstanden war, etablierten sich Hundebanden, die sich bald im Benehmen, Rauben und der Futterbeschaffung zu ihren wölfischen Urahnen rückentwickelt hatten: Sie wurden verschlagen, raffiniert, listig und nachtaktiv wie diese und wurden erst in den folgenden Jahren nach und nach abgeschossen, zivilisiert und wieder eingebürgert oder starben natürliche Tode in Wäldern und Trümmergrundstücken.

Rentner Karl von Steinau, seit 1940 auf dem Altenteil, hatte für eben diesen letzten Teil seines Lebens eine Hundezucht aufgebaut und, für ihn und seine Frau eine Überraschung, damit mehr Geld verdient als seine Rente einbrachte. Die Wahl auf „Pointer" war richtig gewesen, denn zu diesen Hunden fühlten sich viele Neureiche und Altnazis hingezogen. Karl hatte es nicht übers Herz gebracht, seine Hunde in schäbigen und zugigen Zwingern unterzubringen, sondern in großen langen Laufgehegen unterschiedlicher Ausstattung. Sie dankten es ihm durch Gesundheit, Vermehrung und Treue. Diese Hunde, jetzt beim Einmarsch der Roten Armee fünfzehn Köpfe stark, waren der Anlass, nicht zu flüchten und notfalls russische oder polnische Bürger zu werden.

Sofort nach dem Einmarsch waren russische Offiziere hergekommen, hatten drei Rüden gekauft und Dosenfleisch und Stockfisch zur Fütterung spendiert.

„Kultivierte Leute das“, sagte sich das Ehepaar von Steinau und fügte hinzu, „und so tierlieb, dass einem die Tränen kommen können.“

Dann hörten sie von zahlreichen Morden an „deutschen Hunden“ und beschlossen, ihre kostbaren Tiere einfach freizulassen. Zu spät: Eine sehr unsoldatisch aussehende zehnköpfige Horde „Tataren“, hier seit altersher kurz „Tatern“ genannt, besetzte Haus und Grundstück und „kesselte“ das Hundegehege ein. Die aufmerksamen Pointer klemmten die Schwänze ein und zogen sich in ihre Hundehütten zurück.

„Sie ahnen Unheil“, sagte Frau von Steinau.

„Die Tatern“, sagte Herr von Steinau, „sollen wahre Hundeliebhaber sein – wenn sie gebraten auf den Tellern liegen.“

„Die besitzen doch gar keine Teller.“

Mit diesen Kommentaren war der Spaß zu Ende.

„Du Germanski, gib Köter her, kriegst Wodka dafür.“

„Hunde nix verkaufen“, antwortete Herr von Steinau entschlossen.

Diese Antwort war das Todesurteil für ihre Hunde!

Ein Soldat bewachte das Ehepaar, das später begriff, noch einmal davongekommen zu sein, und hielt es in Schach. Die anderen Soldaten öffnen die Gehege, um sich die Hunde zu holen, aber alle von ihnen, die sich nicht in den Hütten versteckten, wichen an den Innenzaun zurück, bleckten die Zähne, knurrten vernehmlich und schienen ihr Leben verteidigen zu wollen. Fünf wurden auf der Stelle erschossen, die anderen in den Hütten ließen sich am Halsband fassen und wurden lebend ins Auto transportiert – eine gewisse Menschlichkeit entstand dadurch, dass die Soldaten einen Karton Wodka und drei Packungen mit je hundert Machorka-Zigaretten den beiden alten Leutchen dalie-ßen sowie die Bemerkung „deutsches Hund serr leckerr – woina (Krieg) kapuut, Gitler kaputt“.

Mit den Flüchtlingstrecks sind auch viele Haus-, Hof- und Jagdhunde nach Westen gezogen. Viele kamen nie an, weil ihre Herrschaften auch nicht ankamen, andere blieben bei Deutschen westlich der Oder hängen und fanden eine neue Heimat. Forstmeister Müller schrieb in seinem Aufsehen erregenden Buch „Verklungen Horn und Geläut“:
„Alle meine Hunde hatte ich erschießen müssen, vierundzwanzig an der Zahl, die treuen, geliebten Gefährten meiner Ritte und Pirschen – Es war ein herzbrechender Jammer.“

Kuriositäten bei Kriegsende. Jeder Krieg scheint auch Kuriositäten hervorzubringen: Deutschenhasser wurden zu Liebhabern deutscher Hunde, zwei norwegische Elchhunde eines amerikanischen Soldaten warfen sich in den Rhein und begrüßten am Ostufer einen deutschen Forstmann, als hätten sie schon in Alabama von ihm geträumt. Der noch am 1. April 1945 zur Wehrmacht eingezogene Peter Stemmert, am 5. April zur Armee Wenck gestoßen, desertierte nach Hitlers Tod, - „des Führers Tod entbannte mich von jedem Eid“ -, und versteckte sich in Magdeburg bei Verwandten. Dort erfuhr er, „dass alles Land östlich der

Elbe den Russen gehören wird“ und dass jeder deutsche Soldat, den sie jetzt noch fangen, für zwanzig, dreißig Jahre nach Sibirien käme. Es wurde die Nacht vom 8. auf den 9. Mai 1945, als er sich zum Elbufer aufmachte.

Da gab’s kein Boot, kein Floß, keinen alten Ponton, geschweige denn eine Fähre oder ein Seil über den Strom gespannt! Nur einen Hund, der verhalten fiepte, seine Vorderpfoten ins Ufer tauchte und unentschlossen schien, „soll ich’s wagen oder nicht?“. Er war ein starker Rottweiler, die Führleine noch am Hals, gut in Futter und könnte, nach Peter Stemmerts Begutachtung im Licht der Taschenlampe, die Tour zum Westufer schaffen. Wie kam er hierhin? Hatte sein Herr die Flucht über den Strom gewagt, vielleicht auf einem Floß oder gar schwimmend, und würde zurückkommen, ihn zu holen? Als er sich winselnd an Peter Stemmert schmiegte, gab es für diesen kein Halten mehr!

Noch zwei Stunden Nacht – jetzt oder nie! So wunderte sich US-Sergeant Philip Houston, am Westufer Wache schiebend, jedoch lax und lässig, denn soeben war ihm das Ende des Krieges in Europa durchgegeben worden, als er das Plätschern am Ufer vernahm und einen Hund aus dem Wasser steigen sah. Dem Hund folgte ein Zivilist, beide schüttelten sich das Wasser aus Fell und Kleidung und wollten mit dem Gruß „morning Sir“ und „wuff-wuff“ weitergehen.

„Stop!“

Dieses Wort kannte damals schon jedermann auf der Welt. Peter war in Magdeburg gewarnt worden, amerikanische Posten schickten jeden Flüchtling, der nach Westen wollte, ostwärts zurück. Traf ihn jetzt dieses Schicksal? Sollte er dem „Ami“, der noch nicht seine Waffe gezückt hatte, kurzerhand einen Kinnhaken á la Old Shatterhand geben? Das erübrigte sich: Hinter dem Amerikaner, der tatsächlich hier befehlswidrig allein Wache schob, tauchte ein Mann auf, der ihm einen derben Knüppel „über die Rübe zog“. Ende schlecht – alles gut? Jawohl! Der Mann, der den Knüppel als eine der letzten Kriegshandlungen in Mitteleuropa schwang, war der Herr des Rottweilers, der nun zwei Herren besaß und in ihrer Mitte in den so genannten Westen schritt...

Für die beiden Hundehelden auf unserem Titel, Max und Moritz gerufen, hatte es ab Mai 1944 geheißen: Fort mit euch nach Osten, um den Westen zu erreichen! Kurios? Durchaus nicht! Sie waren Kantinen-, Duschraum-, Essraum- und Schlafkojenhunde an der französischen Atlantikküste gewesen, dort, wo die deutschen U-Boote losfuhren und nicht immer zurückkamen. Sie stammten wie ihr Herrchen Torpedo-Ingenieur Willibald Hoffmann aus dem Westfälischen und er hatte sie bei seiner Einberufung zur Atlantikküste kurzerhand mitgenommen, „weil sie sich sonst, Herr Kaleu (Kapitänleutnant), Seele und Lunge als dem Hals geheult hätten“. Doch Willibalds geheimer Wunschtraum, Max und Moritz als U-Boot-Maskottchen mit auf Feindfahrt zu nehmen, konnte nicht in Erfüllung gehen: U-Boot-Chef Karl Dönitz hatte so etwas für seine Waffe strikt verboten.

Weil man sie nicht zurückschicken konnte, verblieben sie im Stützpunkt als Wach- und Spürhunde; schließlich lebte man im besetzten Feindesland, wo Sabotagen zum normalen Alltag gehörten. Als Willibald Hoffmann zum ersten Mal mit ausfahren musste, gestaltete sich der Abschied von Max dem Jagdhund und Moritz dem Dachshund (Dackel) zu einer emotionalen Großkundgebung,

Beide Hunde schienen zu fühlen, dass Herrchen ihnen abhanden kommen könnte, als er sich auf der Gangway von ihnen verabschiedete: Max heulte wie ein bretonischer Schlosshund und Moritz kläffte wie ein normannischer Wolfshund, beide veranstalteten ein Konzert, dass selbst die französischen Hafenarbeiter es nicht mehr aushalten konnten und zu ihren Hafenmädchen eilten. Schließlich nahm sie der Koch des Standortes am Schlawittchen und in seine Küche mit.

Eine U-Boot-Einsatzfahrt dauerte 1943 so lange, wie eigentlich kein Hundegehirn vorausdenken kann. Sich eine Woche lang an Herrchen zu erinnern ist für einen Hund kein Problem. Danach kommt es darauf an, wie der Hund behandelt, ob er viel allein ist oder stets unterhalten wird, wie sein neues Herrchen oder Frauchen ihn nutzt und benötigt. Zwei Wochen, drei und vier: Für Max und Moritz wurde die Zeit nicht lang, jeden Tag zweimal trabten sie zum Hafen, untersuchten die Docks und Bunker und stiegen auch auf angelegten und verankerten Booten herum. Besonders Max, mit seinem feinen Gesicht und einer wohl exzellenten Nase ausgestattet, hockte sich stundenlang im Hafen hin und starrte wie ein blinder siecher Seemann aufs Meer hinaus.

Natürlich sah er alle paar Tage ein U-Boot zurückkommen, erkannte aber, zum Staunen der zuschauenden Männer früh genug, dass es nicht Herrchens Boot war – las er etwa die Zahl 66? Moritz benahm sich manchmal wie Max' Lehrling, doch gerade er war es, der den richtigen Heimkehrer zuerst erkannte!

„Ich möchte nicht behaupten“, erzählte später ein Hafengendarm, der selbst zu Hause Hunde gehalten hatte, *„dass Max und Moritz nach vier Wochen noch speziell auf ihr*

Herrchen warteten, denn die Ablenkung durch uns und meine drei Wachdienstrunden, die ich mit ihnen unternahm, war groß und ein Hundegehirn raumfüllend. Alle Männer verwöhnten sie und wenn Karl Dönitz uns besuchte, gab es echte Hundekuchen und Knabberknochen für sie. Dass beide bei einem solchen Besuch je ein Vorderrad des Mercedes bepinkelten, war wohl nicht politisch zu bewerten und wurde von von der Wochenschau nicht der Öffentlichkeit gezeigt.“

Endlich meldete sich U 66 und kündigte seine Heimkehr an. Seit Anfang 1943 war die Rückkehr eines U-Boots zu einem französischen Stützpunkt eine riskante Angelegenheit geworden. Selbst in Sichtweite des Hafens angekommeen konnte es noch von einem amerikanischen oder britischen Langstreckenflugzeug überrascht werden. Dieser Zustand verschlechterte sich noch bis Mitte 1944, so dass Ausfahrten und Rückkehr auf die Dunkelheit verlegt werden mussten.

Wären Max und Moritz Menschen gewesen: Dann hätte man vermuten dürfen, dass ihnen jemand die erfreuliche Nachricht „gesteckt“ hätte. Aber nein, wie sollen sie mitgehört haben! Auf jeden Fall: Sie standen am Hafen wie Bräute und Mütter in Friedenszeiten und ihre Augen kannten nur eine Richtung und ein Objekt: das langsam näherkommende und sich vergrößernde U-Boot 66. Zuschauer waren sich gar nicht sicher, dass sie Herrchen erwarteten, sie bellten und jaulten nicht, ihre Schwänze wedelten nicht heftiger als bei anderen Anlässen, aber Geifer der inneren Anspannung und noch zurückgehaltener höchster Erregung rann ihnen aus den Mäulern zu einem Bächlein auf dem Hafenpflaster!

Dann ein Aufbrüllen nicht mehr beherrschbarer Freude, zwei Hechtsprünge ins ölige und fiese Hafenwasser und ein Hinpaddeln ans langsam zum Kai sich bugsierenden schmalen Schiffes. Willibald Hoffmann stand an Deck und wäre am liebsten, - Prachtuniform her – nasse Stiefel hin, - ins Wasser gesprungen. Seine Uniform wurde dennoch nass, so fielen Max und Moritz über ihn her...

Ein ganzes Buch „Max und Moritz und U 66" wäre zu füllen, wollte man den kurzen Zeitraum, der Boot und Besatzung auf dieser Erde beziehungsweise auf See noch vergönnt war, minutiös und authentisch darlegen. Einmal noch wiederholten sich Ausfahrt, Erfolg und Heimkehr zu allseitiger Freude. Die deutsche U-Boot-Führung, noch immer unter Großadmiral Karl Dönitz, war sich nicht klar darüber, wie lange ihre U-Boote von diesem und anderen französischen Stützpunkten würden auslaufen können: Es war Ende April 1944 und dass in absehbarer Zeit eine alliierte Invasion Frankreichs stattfinden würde, war so sicher wie der Verlust des Krieges.
„Schau dir die beiden Hunde an", sagte Flotillenkoch Martin Aufderheide, und sein Arm wies auf den Hafen. Die Besatzung von U66 ging im Dämmerlicht des Abends zu neuer Feindfahrt an Bord, Hoffmann als letzter, nachdem er sich von Max und Moritz verabschiedet hatte. Doch diese hockten nur stumm da, kein Schwanzwedeln und Gewinsel, kein Pfötchengeben – nur ein Dabeisein.
„Die haben's satt", sagte der Koch, „immer allein gelassen zu werden und hadern mit ihrem Herrn und Meister."
„Ja", stimmte ein Kamerad zu, „sie haben dich ja schon lieber als den U-Bootmann."
„Klar, bei meiner Verpflegung!"

Diesmal warteten Max und Moritz nicht ab, bis das U66 aus ihrer Sichtweite geriet. Niemand außer der Pilot des amerikanischen Flugzeugs, hat es wiedergesehen, als er es am 6. Mai 1944 vor den Kapverdischen Inseln versenkte. Max und Moritz gingen mit Martin Aufderheide zurück „ins Reich“, als die Stützpunkte wegen des Gelingens der alliierten Invasion geräumt werden mussten – also nach Osten, um im Westen der späteren Bundesrepublik noch in „Martins Kneipe“ unter Martins Aufsicht und Hege bis 1954 fröhlich und unbeschwert und ohne Angedenken an frühere Zeiten und Herrchen zu sterben – RIP!

Hunde als Maskottchen im Zweiten Weltkrieg

„Die Freundschaft eines Hundes“, schrieb General Eisenhower, der alliierte Vertreiber des Max und Moritz aus Frankreich nach Hause, *„ist kostbar. Sie wird es noch mehr, wenn man weit von zu Hause fort ist, so wie wir in Afrika. Ich habe einen Scottie. In ihm finde ich Trost und Ablenkung – er ist die einzige Person, mit der ich reden kann, ohne dass die Unterhaltung auf den Krieg kommt.“*

Unsere Abhandlung soll mit Berichten über Hunde-Maskottchen abgschlossen werden. Nichts hat sich gegenüber dem vorigen Krieg verändert: Die Soldaten, ob hoch oder niedrig in Rang und Ansehen, wollen etwas „Lebendiges“ um sich haben, das sie von ihren traurigen Pflichten, Menschen zu töten und Länder ruinieren zu müssen, wenigstens kurzzeitig ablenkt und Grauen vergessen lässt. Eisenhower hatte seinen Scottie, General Patton den Bullterrier Willie, Tito seinen Schäferhund Lux, Feldmarschall Montgomery seine Hunde Rommel und Hitler und Hitler selbst seine Blondi, die vor ihm, als Versuchstier jenes Gift erproben musste, dass Hitler zu gegebener Zeit zu schlucken gedachte.

Maskottchen sollen Glück bringen, wir wissen es bereits, darum möchte jede Einheit, jeder Truppenverband, jeder Flugplatz und jedes Schiff eines besitzen. Entsprechend sind die Verluste der Maskottchen, über die kaum Nachrichten vorliegen, denn nur wenige Berichterstatter oder Historiker halten es für notwendig, über ihr Ende ein paar Zeilen zu verlieren. Sie sind meist verschollen, wie Bordhund Hassan von der „Wilhelm Gustloff"; oder einfach abhanden gekommen wie der besonders intelligente Boxer Tünnes, über den wir anschließend berichten werden. Oder sie leben noch, während ihr Schiff längst den Meeresboden erreicht hat – aber es ist Befehl gegeben, keine Schiffbrüchigen, ob Zwei- oder Vierbeiner, aus dem Wasser zu retten, auch wenn die Schiffsmannschaft bereit ist, jedes Risiko auf sich zu nehmen. Der Wachoffizier von U861 berichtet aus dem mittleren Atlantik des Jahres 1944, als Admiral Karl Dönitz die höchsten Verluste an U-Booten verzeichnen und hinnehmen musste:
„Auf dem Wasser schwabbeln Planken, die Reste eines Rettungskutters, und ein leeres Floß. Aber keine Menschenseele ist zu sehen. Wir rufen. Nichts. Plötzlich leuchtet auf dem Floß etwas auf und bewegt sich: zwei grüne Punkte. Das Blinken wird stärker, als ich die Stablampe anknipse. Im Lichtschein steht ein Hund. Er wedelt aufgeregt mit dem Schwanzstummel und bellt. Die Mannschaft

möchte den schiffbrüchigen Hund retten, aber ich muss das aus Sicherheitsgründen verbieten."
So treibt das Floß langsam am U-Boot entlang nach achtern. Der Hund bellt, er läuft aufgeregt hin und her, setzt sich, hebt bettelnd die Vorderpfote, dann winselt er erbärmlich. Schließlich bleibt er am äußersten Ende des Floßes stehen, sein Jammern wird leiser, es erstirbt immer mehr, bis es dann achteraus für immer verklingt. Solche dramatischen Erlebnisse gehen den Seeleuten „mehr an die Nieren" als der Untergang eines feindlichen Schiffes. Sie zeigen aber auch, nüchtern betrachtet, dass Hunde durchaus in der Lage sind, - wir können es nur vermenschlichend ausdrücken -, derartig extreme Situationen zu begreifen. Hat der Kleine gespürt, dass seine letzten Überlebenschancen nun vertan waren?

„Hunde auf Kriegsschiffen". Dieses Thema ist alt wie Kriegsschifffahrt. Wie wir gelesen haben, hat man Hunde auf U-Booten im Zweiten Weltkrieg zu verbieten versucht, aber Matrosen fanden immer wieder Möglichkeiten, sie an Bord zu schmuggeln. War das Boot dann erst einmal draußen, wagte auch der schärfste Kommandant nicht, sie über Bord werfen zu lassen. Darum konnte Zwergpinscher Mini auch überleben.
„Ich habe Mini", berichtete Maat August Strathmann nach dem Krieg, als seine Tat „verjährt" war, *„auf meiner dritten Feindfahrt mit an Bord genommen, weil ich auf der zweiten vor Langeweile und Eintönigkeit beinahe um den Verstand gebracht worden wäre. Mini hatte die löbliche Eigenschaft, zuhören zu können, er blickte mich dabei unverwandt an, verzog keine Miene und wenn er genug gehört hatte, verdrückte sich in meine Hängematte und*

schlief. Wir brauchten an Bord keine Tiefenanzeige, hätten jedenfalls bei Ausfall derselben keine Not gehabt, denn beim Abtauchen ab Tauchtiefe fünfzig Meter begann Mini nervös zu fiepen und bei sechzig zu heulen. Dadurch wurde unser Kaleu auf ihn aufmerksam."

Gab's das fällige Donnerwetter? Nein. Dieser, der wie die komplette Mannschaft den Krieg überlebte, berichtete später bei einer fälligen Stammtischrunde zur Erinnerung der letzten Feindfahrt von 1945:

„Für Maat Strathmann wäre ein Kriegsgericht fällig gewesen. Doch das auf hoher See? Wo jeder Mann im Boot gebraucht wurde und nicht in U-Haft genommen werden konnte! Außerdem standen die Chancen im Lauf dieses Krieges nun Eins zu Vier. So wies ich unseren Ersten Offizier an, dafür zu sorgen, dass Mini, falls wir überlebten und heimkehrten, genauso unaufffällig von Bord kam wie er an Bord gekommen war – im Seesack des Matrosen."

Was Mini als blinder Passagier mitaß konnte gar nicht ausgerechnet werden. Wieviel Freude er den Männern breitete, ist freilich auch nicht zu beziffern. Er gedieh gut, obwohl er das Tageslicht auf der Fahrt nie gesehen oder genossen hatte, „denn ein Hund zwischen den Ausgucks", behauptete der Kaleu, „macht diese nur unaufmerksam." So scheint es nur diesen einen nachfolgenden Bericht „Hunde und Wasserbomben" zu geben, den August Strathmann verfasst hat:

„Die in der Ferne verklingenden Explosionen von Wasserbomben interessierten Mini nicht. Rückten sie näher, schaute er mich fragend an, noch näher zog er die Stirn in niedliche Falten, und begann das Boot zu vibrieren, stöhnte er wie dieses auf und verkroch sich im bereitliegenden

Seesack. Seinen Tod im Fall des Falles hätte er gar nicht mitbekommen.“
Für seine zweierlei Notdurft, - recht wenig für einen Kleinhund -, hatten die Matrosen in einer Raumecke einen flachen Kasten mit Stoffresten gebaut und hingestellt, ähnlich wie man es heute für Katzen macht, die nicht austreten können. Herrchen August war natürlich für die Stubenreinheit verantwortlich. Und der Mief?
„Ein U-Boot ist sowieso ein schwimmendes Scheißhaus, da kommt es auf kleine Kackhäufchen und Pinkeleien auch nicht mehr an.“

Hunde auf Minensuchbooten? Diese „Minipötte“ schaukeln und schlingern auf hoher See mehr als indianische Kanus in Stromschnellen. Und Bordhunde hätten bei Einsätzen beispielsweise im Ärmelkanal mehr kotzen müssen als überfressene Reiher. Augenzeuge Dr. Encke erzählte davon nichts, wenn er auf seine Bordhündin Dackelfrau Senta zu sprechen kam:
„Sie hauste in einer Holzhütte an Deck, wo sie sogar vier Junge bekam. Bei hohem Seegang flog die ganze Hundefamilie an Deck hin und her und Senta als Mutter ‚hatte alle Hände voll zu tun‘, ihre Kinder einzusammeln. Sie sind mit dem Schiff untergegangen – wer soll solch eine Rasselbande retten, wenn er selbst in Seenot ist!“

Auch Hexe und Jonny vom Minenräumboot R27 fühlten sich bei den Einsätzen vor der Nordseeküste und im Kanal pudelwohl, wie Augenzeuge Goske von Möllendorff berichtet. Sie konnten sich zwar nicht an der Reling oder anderen Gegenständen festhalten oder wie Katzen die Krallen in Taue, hölzerne Balgen und Kisten treiben, aber sie stellten sich regelmäßig so auf, dass die Wellen sie nicht von Bord schleudern konnten. Bei ganz starkem „Kanalorkan" musste Goske sie aber doch nach unten beordern.

„Dort unten", berichtet von Möllendorff, Nachfahre des berühmten „Hauptmann von Möllendorff beim Sturm auf den Kirchplatz von Leuthen 1757", *„wirkte ihr zweitliebster Freund, unser Bordkoch, über Töpfe, Herd und Pfannen. Pfannengerichte! Von gebratenen Grießschnitten, Koteletts, falschen Schnitzeln, Bratkartoffeln bis Kaiserschmarrn und Spiegeleiern gab es nichts, das nicht Leibspeise dieser beiden vierbeinigen Fresser war."*

Hexe und Jonny, behauptete ihre Besatzung, kannten nicht nur Heimweh, sondern auch die Heimatrichtung. Ging es im Kanal nach Osten und in der Nordsee nach Süden, also allemal in Richtung Wilhelmshaven, bemerkten beide sogleich die Kursänderung und begannen ihren Ausstieg vorzubereiten. Dann an Land hatten sie gar keine Bezugspersonen, denen sie ihre Heimkehr per Gebell hätten ankündigen können, sie wollten einfach unter denjenigen sein, die mit Musik und echter Freude übers Wiedersehen begrüßt wurden. Dann gingen sie mit dem Koch zu Fuß nach Haus. Aber es dauerte keine zwei Wochen, bis jene Unruhe aufkam, die jeder Seemann kennt. Vielleicht wären sie mit ihrem Koch auf allerletzter Fahrt doch noch umgekommen – wenn diese bereits befohlene Fahrt noch stattgefunden hätte: Sie sollte am 3. Mai 1945 starten. Da war der Kriegsverursacher endlich abgetreten und sein Nachfolger sah keinen Sinn mehr in Einsätzen in der Nordsee und die Überführung des Bootes durch den Nord-Ostsee-Kanal kam nicht mehr zustande.

Auf den Kaperschiffen und Hilfskreuzern der Kriegsmarine, die ja alle hergerichtete und umgebaute Frachter oder Passagierschiffe waren, ging es weniger streng und traditionell zu als auf echten Kriegsschiffen – so lange kein Feind in Sicht war. Vom berühmt gewordenen Hilfskreuzer Kormoran gibt es einen interessanten Bericht über Foxterrier Struppi und Schäferhündin Senta, zwei richtige Unterhaltungskünstler auf hoher See, welche das eintönige Hin- und Herfahren auf der Suche nach Kaperbeute für die Besatzung erträglicher machten.

„Übrigens", lautete später der Kommentar eines Besatzungsmitglieds, *„kann kein einziger zweibeiniger Berufskomiker von Bühne und Funk an den Unterhaltungswert spaßiger und intelligenter Vierbeiner herankommen."*

„Besonders", so der echte Augenzeugenbericht eines Teilnehmers, *„die beiden mit Persenningen zugedeckten Boote waren der Spielplatz für die Hunde. Wenn Struppi in seiner lieben Not, der stärkeren Senta zu entkommen, den Niedergang zur Back hinaufsauste, blieb sie unten stehen. Dauerte es ihr zu lange, bis Struppi wieder herunterkam, trabte sie los und kam lieber zu mir auf das Deck unter der Brücke, suchte sich ein Hölzchen und wollte dann nur noch mit mir spielen."*

Wenn feindliche Frachtschiffe und Dampfer aufgebracht wurden, bekamen diese beiden fidelen Bordhunde Gesellschaft: andere Hunde, Katzen und Affen zum Beispiel, mit denen sie herrlichen Schabernack treiben konnten. Es war Tradition, bei Kaperungen nicht nur alle Menschen zu bergen, sondern wenn möglich auch deren lebendes Hab und Gut. Alle diese Einheiten der deutschen Kriegsmarine hatten kein langes Leben, der findige Gegner fand sie: So fanden alle dortigen Maskottchen-Idylle ihr im Krieg natürliches Ende.

Äußerst bemerkenswerte und dreiste Fähigkeiten haben zwei norwegische Hunde bewiesen. Mischlind Daisy war Maskottchen auf einem norwegischen Fischerboot, das torpediert wurde. Daisy ging wie die Männer lebend über Bord. Man sollte nun meinen, ein Hund habe genug mit sich selbst zu tun, um nicht zu ertrinken. Falsch gedacht: Daisy schwamm zu den schwer ums Überleben kämpfenden Männern, zu jedem wohlgesagt, um ihnen voller Freude die Gesichter zu lecken. Sollte dies Ermutigung oder Trost sein? Natürlich keins von beiden, denn Daisy begriff die Lebensgefahr nicht und hatte nur Spaß an der Sache. Alle Schiffbrüchigen wurden aufgefischt und Daisy erhielt prompt seine fällige Verdienstmedaille verliehen.

Bamse, ein besonders starker Bernhardiner, war Maskottchen des norwegischen Kriegsschiffs Thorod und sehr verantwortungsvoll und anhänglich wie alle seinesgleichen. Wenn die Besatzung Landgang hatte, war er stets in Sorge, sie könne nicht zurückkehren, ihn allein lassen oder nicht rechtzeitig zum Auslaufen eintreffen. Dann machte er sich auf seine großen Pfoten, um in einer kompletten Lokalrunde der Mannschaft nachzugehen. Er kannte nämlich ihre bevorzugten Lokale, Bars und Cafés. Und wenn diese zu weit auseinanderlagen, bestieg er den Linienbus. Derart gelang es ihm immer, die Mannschaft aufzutreiben und zum Schiff heimzuholen.

Rob war ein äußerst starker schwarzweißer Mischling und ist als Fallschirmhund bekanntgeworden. Er nahm an den alliierten Landungen in Nordafrika und Italien teil und zögerte nie, aus dem Flugzeug zu springen, wenn es befohlen wurde. Unten angekommen erwartete er ruhig und ohne Angst vorm Gefechtslärm ringsum sein Herrchen, das immer nach ihm absprang und ihn vom Fallschirm zu befreien hatte. Rob war der konsequente und sehr mutige Bewacher seiner Einheit und erhielt für seine Verdienste um die Armee die „Dickin-Madaille“.

Wie auch im vorigen Krieg tummelten sich im Zweiten auf den Fliegerhorsten jede Menge Maskottchen. Sie machten hier richtige Fettlebe, verwöhnt, verhätschelt und der Gefahr enthoben, weil sie bei Einsätzen gegen den Feind daheimbleiben mussten. Hauptmann Gerd Schröder, Heeresbeobachter bei der Luftwaffe, hat jahrelang seinen Boxer Tünnes bei sich gehabt. Zu Aufklärungsflügen hinter den feindlichen Linien durfte er natürlich nicht mitfliegen, er wurde von Herrchen persönlich am Rand des Flugfeldes abgesetzt. Neben der Aktentasche, damit er einen Sinn erkannte und etwas zu bewachen hatte. Keine äußerst raffinierten Versuche der Kameraden und des Platzpersonals, ihn fortzulocken, verfingen, auch wenn sie von Wurstbeigaben und Knochenzugaben unterstützt wurden.

Schon nach dem dritten Flug Herrchens erkannte er die Maschine im Anflug, lief ihr entgegen und begleitete sie nebenherlaufend und auf den Propellerabstand achtend bis zum Stellplatz. Dort gab es immer wieder unbeschreiblichen Jubel des Wiedersehens mit Anspringen bis ins Gesicht und Beißversuche in die Hacken. Nie hat Tünnes sich in der Maschine geirrt, auch dann nicht, wenn mehrere gleichzeitig einschwebten und landeten. Das Motorengeräusch wird wohl sein Informant gewesen sein.

Bei Flügen über die eigenen Linien und ins Hinterland der Front durfte Tünnes mitfliegen. Sein intelligentes Gesicht drückte dann eine Befriedigung aus, die sonst nie zum Vorschein kam. Er setzte dann seine mächtigen Vorderpranken auf die Fensterkante und äugte angestrengt und interessiert nach unten, wechselte auch zur anderen Seite, wenn dort Schöneres zu sehen war. Im Verlauf der Rückzüge ist Tünnes, der gerne auf Panzern mitfuhr, das offene Sturmgeschütz liebte oder Fußkolonnen begleitete, während eines Fliegeralarms verlorengegangen und trotz aller Suche und Nachfragen verschollen.

Hunde als Radar? Das war nicht ungewöhnlich, viele Soldaten haben hierüber berichtet. Nicht nur, dass sie Flugzeuge ganz allgemein anzeigten, sie unterschieden auch eigene von feindlichen und die allmählich geübten Landser konnten diese Fälle ihren Hunden ansehen. Mischlinghund Bobby vom 2. Panzer-Pionierbataillon 89 in der 5. Panzerdivision war solch ein hilfreiches und lebensrettendes Maskottchen. Augenzeuge Georg Caarls berichtet von der Ostfront:
„Wir haben Bobby einem General geklaut. Er marschierte am liebsten zwischen Tross und Stellung hin und her und begleitete regelmäßig die Verpflegungsfahrten zur Front. Angekommen, lief er die Gräben und Stellungen entlang, so dass jeder Soldat wusste: Aha, gleich gibt's was zu futtern. Bobby kündigte durch aufgeregtes Gehabe angreifende russische Ratas an, so dass wir einrichten konnten. Außerdem verriet er durch verhaltenes Knurren die in der Nacht häufig anschleichenden Russen und ging dann mit den Soldaten in Deckung. Sein besonderer Service uns gegenüber bestand im Anmelden dicker russischer Grana-

ten, dann jaulte er auffällig, wurde unruhig und duckte sich im Graben – das hatte er wohl allen seinen Kameraden abgeschaut...“

Im Durcheinander der Kämpfe gingen Maskottchen verloren, wurden als Überläufer erbeutet, regelrecht gefangengenommen oder auch zum derben Spaß missbraucht. Ein russischer Augenzeuge berichtet von einem solchen „scherzhaften“ Fall:

„Ein weißer Hund kommt an, dem jemand einen deutschen Stahlhelm auf den Kopf gestülpt hat. Er schüttelt immer den Kopf, aber der Helm ist angeschnallt.“

Dass Hunde den Soldaten aller Armeen und Länder immer viel bedeuteten, haben nicht nur die hier geschilderten Ereignisse bewiesen. Kameradschaft, Verlässlichkeit und Treue sind in Notzeiten besonders gefragt: Hunde konnten dies alles und mehr bieten! In Aschaffenburg hat man ihnen ein Denkmal gesetzt.

ENDE

Außerdem von Walther Rohdich erhältlich:

Flinte, Forke und Skalpell
Landarzt in Deutschland

Soldat und Menschenfreund
Ein historischer Roman aus dem 18. Jahrhundert

Das Hitler-Attentat vom 8. November 1939
Wenn es gelungen wäre ...

Das Hitler-Attentat vom 20. Juli 1944
Wenn es gelungen wäre ...

Pimpfe, Pauker und Propheten
Jugend in Deutschland, 1930 bis 1948

„Als die Ostfriesen frech geworden ...“
Eine politische Zukunftsvision

Weites Land – raues Volk
Eine harte Ostfriesengeschichte

Ein Mäusekrieg
Ein Tagebuchbericht von 1938 bis 1954

Terra Mirabilis
Mit Peter Mefferten zu den Sehenswürdigkeiten unserer erneuerten Erde